BIM技术在装配式建筑设计及施工管理中的应用研究

孟凡星　著

电子科技大学出版社

University of Electronic Science and Technology of China Press

·成都·

图书在版编目（CIP）数据

BIM技术在装配式建筑设计及施工管理中的应用研究 /
孟凡星著. — 成都：电子科技大学出版社，2020.12
ISBN 978-7-5647-8643-4

Ⅰ.①B… Ⅱ.①孟… Ⅲ.①装配式构件–建筑工程
–计算机辅助设计–应用软件–研究 Ⅳ.①TU3–39

中国版本图书馆CIP数据核字（2020）第254696号

BIM技术在装配式建筑设计及施工管理中的应用研究

孟凡星　著

策划编辑　　李述娜　杜　倩
责任编辑　　李述娜

出版发行　　电子科技大学出版社
　　　　　　成都市一环路东一段159号电子信息产业大厦九楼　邮编　610051
主　　页　　www.uestcp.com.cn
服务电话　　028-83203399
邮购电话　　028-83201495

印　　刷　　石家庄汇展印刷有限公司
成品尺寸　　170mm×240mm
印　　张　　11.5
字　　数　　213千字
版　　次　　2020年12月第1版
印　　次　　2020年12月第1次印刷
书　　号　　ISBN 978-7-5647-8643-4
定　　价　　59.00元

前　言

建筑信息模型（Building Information Modeling, 简称 BIM）作为一种全新的技术，受到国内外学者和业界的普遍关注。BIM 以建筑工程项目的各项相关信息数据作为模型的基础，进行建筑模型的建立，通过数字信息仿真模拟建筑物所具有的真实信息。它具有信息完备性、信息关联性、信息一致性、可视化、协调性、模拟性、优化性和可出图性等特点。

装配式建筑，即 PC 建筑，是指将在加工厂生产好的预制构件直接运输到现场并在工地装配而成的建筑。PC 构件在加工厂进行生产制作，相对于施工现场，受气候变化的影响很小，并且采用机械化的生产手段，可以减少相当数量的一线施工人员，节约劳动力，提高建筑的速度和建筑物的质量。与传统的钢筋混凝土现浇结构建筑相比较，PC 建筑最大的优点是可以实现设计标准化、生产模式化、施工装配化、管理信息化和装修一体化。

BIM 技术于 2002 年带入建筑业，到现在经过了近 20 年的发展，它将信息化技术用在建筑产业上，用三维信息技术把建筑项目的各阶段信息数据在信息化模型中进行一体化集成，并对建筑、结构、机电、给排水、暖通、装饰装修等各专业工作进行协调。

将 BIM 技术与装配式建筑项目结合，可以使建筑项目中涉及设计、施工、构件加工、对接等各种原因造成的资源浪费问题得到比较好的解决；另外，通过建立 BIM 参数化的族构件对设计模型进行深化施工，利用 BIM 软件进行三维施工模拟，有效提取工程信息；将产业化项目工程由现场粗放的现浇土建工程转变成精细可控的装配式结构的安装工程，能够充分体现出缩短工期、控制成本、提高质量、保证安全等优势，实现快速、有效地可持续发展等目标。

本书共八章，第一章概述了 BIM 技术的概念、内容、发展、应用等；第二章阐述了装配式建筑的基本知识；第三章、第四章分别研究 BIM 技术在装配式建筑设计及施工中的应用；第五章分析施工系统管理平台的开发与设计；第六章为案例分析，以枣庄学院学生公寓为例，分析 BIM 技术在装配式混凝土建筑中的具体应用；第七章分析 BIM 技术在装配式住宅项目中的应用；第八章是对全书内容的总结。

因编者水平有限，书中难免有不足之处，恳请读者批评指正。

孟凡星

2020 年 10 月

目 录

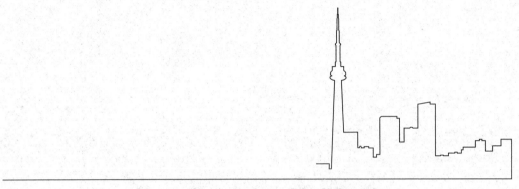

第 1 章　BIM 技术概述

1.1　BIM 技术概念

BIM 只是一个绘制三维图形的软件吗？

（1）BIM 是一个设施（建设项目）物理和功能特性的数字表达；

（2）BIM 是一个共享的知识资源，是一个分享有关这个设施的信息，为该设施从概念到拆除的全生命周期中的所有决策提供可靠依据的过程；

（3）在项目的不同阶段，不同利益相关方通过在 BIM 中插入、提取、更新和修改信息，以支持和反映其各自职责的协同作业。

上面的定义不太好理解，我们再来看看对 BIM 概念性的描述。

1.1.1　BIM 的含义

Autodesk 公司认为，BIM 是一种建筑软件的应用，对以传统二维图纸为主的信息载体模式进行颠覆，同时也代表了一种新的思维方法和工作方式。美国建筑师学会（AIA）认为，BIM 是一种模型技术，能够结合工程项目资讯资料。美国国家建筑科学院（NAS）给 BIM 的定义较为全面，一方面，认为 BIM 即是信息建筑模型，Building Information Model；另一方面，理解为建筑信息建模，Building Information Modeling。因为两个词的中文翻译的意思差异并不明显，所以目前国内普遍建议不对 BIM 进行翻译，与 CAD 一样，仅作为代称，也可以合理表达 BIM 的双重含义：信息模型和信息建模过程。Eastman 把 BIM 定义为，建筑信息模型是将项目的整个生命周期内的所有信息集合在一个模型中，包含施工进度、建造过程、运营维护等全部过程，并集合了所有几何信息、功能要求和构件性能。Laiserin 认为，BIM 不只是一个系统或者软件，更是一个业务流程。张建平教授曾引用美国国家标准技术研究院（NBIMS）对 BIM 的定义，该定义在国内普遍被认可，认为 BIM 是以三维数字技术为基础，集成了建筑工程项目各种相关信息的工程数据模型，对工程项目设施实体和功能特性的数字化表达。虽然对 BIM 的定义，各个机构组织、国内外专家并未统一，但是基本可以把 BIM 定义为既包括建筑模型结果，又包含建筑建模过程的一个"动名词"。

因此，建筑信息模型（BIM）被国际标准定义为：任何建筑物体的物理和功能特征等共享信息的数字表示，它们构成了项目各参与方决策的可靠基础。

BIM 最初起源于产品模型，被广泛应用于石油化工、汽车、制造业等领域。在建筑领域，BIM 代表建筑物的精确虚拟模型，通过软件由表示构建组件的参数对象实现，对象可能具有几何或非几何属性，包括功能、语义和拓扑信息。建筑信息模型可以服务于建筑的全生命周期，模型包含的几何图形和相关数据可以实现建筑所需的设计、采购、制造和施工等活动，并在建设完成后用于日常维护。

BIM 的含义可以总结为以下三点。

（1）BIM 是一种共享知识资源，它可以在全生命周期内获取建筑物的可靠信息，并提供平台实现信息的交流和共享，为决策提供可靠的依据。

（2）BIM 是一个完善的信息模型，它在一个单一的模型中包含了设施的所有方面，包括建筑构件的几何、空间关系、地理信息、数量和属性、成本估算、材料清单、项目进度表等信息，可被项目的众多利益相关者使用。

（3）BIM 可以被视为一个虚拟过程，它允许所有团队成员（业主、建筑师、工程师、承包商、分包商和供应商）在创建模型的过程中不断根据项目规范和设计变更对其部分进行精炼和调整，以确保模型在项目动工前尽可能准确。

1.1.2　BIM 的特点

1. 可视化

利用 BIM 技术，可以将建筑构件的几何化属性和其他信息以可视化的方式表示出来。在设计阶段，设计师运用三维的方式完成建筑设计，同时方便业主直接获取三维的建筑成果；在施工阶段，施工人员可以利用 BIM 模型模拟施工过程，辅助施工技术的交底，检查建筑设备空间的合理性以及机电管线的碰撞模拟；在运营维护阶段，管理人员借助 BIM 模型，对空间、设备资产进行可视化管理。

2. 协调性

BIM 将不同专业的信息集成在一个模型中，有助于项目的参与方进行沟通协调，发现当前存在的问题。BIM 的协调功能体现在以下几个方面：不同专业设计协调、建筑进度计划协调、工程量估算和成本预算协调以及运维协调。例如，在设计时利用三维建筑模型，BIM 技术的应用是将各个相关专业的图纸整合在一个多维模型上，可以检查管线和设备存在的冲突矛盾，提前发现设计存在的缺陷，问题很容易被发现，可以减少很多协调工作。

3. 信息完备性与关联性

BIM 模型除了包含建筑物的 3D 几何信息外，还包括从设计阶段、施工阶段以及最后的运营阶段的完整的工程数据信息以及对象之间的逻辑关系，可以说包括了项目全生命周期内产生的所有信息。

4. 模拟性

利用 4D（加入时间维度）BIM 模型，可以模拟整个工程施工的进展情况；利用 5D（加入时间维度和成本维度）BIM 模型，可以控制整个建设期内的成本。

5. 优化性

利用三维模型的建立，对不合理之处提前做出变更，对发生碰撞的地方提前实施避让，对重点难点分项工程提前调整，合理安排施工方案，以期缩短工期和降低工程造价。下面我们着重介绍 BIM 技术给企业带来的价值。总的来说，我认为 BIM 技术的应用可以提升施工单位的形象，进而帮助施工单位提高中标率，也可以降低施工管理成本，提高生产管理效率，便于决策层快速决策，缩短施工工期，提高资金周转率，增加预期收益。另外工程竣工后，这将是一套完整的宝贵的一手资料，具有很高的研究和分析价值。

应用了三维渲染动画的 BIM 三维模型，给人以真实感和直接的视觉冲击，大大提高了三维渲染效果的精度与效率，给业主更为直观的宣传介绍，提升中标概率。人无我有，现在 BIM 技术应用得很少，拿出这样新颖的东西更能赢得甲方的信任和重视。对施工进程的模拟演示，便于施工方、监理方，甚至非工程专业出身的业主方掌握现场的各种问题和情况，给监理方和业主方留下更好的用户体验。BIM 技术的应用也可以节省劳动力，增加管理人员的有效工作时间，减少材料的浪费，提高材料的利用率。现在部分建筑公司还是粗狂式的管理。粗狂式管理，岗位职责不明确，一般都是兵来将挡、水来土掩，岗位有效利用率低下；材料的出入库管理也相当粗放。BIM 技术的应用，可以在很大程度上改善这种情况，如便于施工人员的交底，节省给工人交底所需的时间，节省与监理方和业主方沟通的时间，随时调取每一个时间、空间点上的材料，避免不必要的材料浪费，比以往管理更加便捷，从而降低施工成本，提高生产管理效率。BIM 技术的应用可以减少管理的环节，并且做到分工明确。关于公司的管理模式，一般土建分工比较明确，而安装专业由于工程造价较低，往往分工便没那么细，难免会造成业务比较混乱的现象。社会分工在细分化，这是大势所趋。公司的分工也必将细分，只有分工明确，才可以使每个岗位的职责更明确，专业性更强，投入产出率更高，减少不必要的混乱性交叉，提高生产效率。当然分工明确和减少管理环节这两者是不矛盾的。这是一场建筑业的革命。一般工程项目的成本分析是一件较复杂的事情，主要原因有：庞大的数据量、成本分解困难、对应部门和岗位众多、消耗量和资金执行情况复杂，而 BIM 可以建立一个真实的成本数据库，并且可以对成本进行快速和多维度的分析。由公司组建一个专门负责 BIM 技术应用的部门，培养一批专业 BIM 建模和应用人才，然后培训各专业施工员对施工现场层面的应用。各工程项目由公司统一建模，并指导现场施工员进行应用。公司通过对各个项目视频实时监控，再加上 BIM 的应用，就真正做到了统一管理。由此向决策者实时汇报，这样的汇报使得公司领导层可以了解任意时点上某项目的盈亏，有效控制项目成本风险，以便于公司决策层能随时做出最正确的决策。

由 BIM 的协调性和优化性可以得出，模型的建立往往可以提前发现问题并减少返工或复杂性施工的发生，对工程的重点、难点可以提前做出优化的决策，以期缩短施工工期，以及降低施工单位和业主方的成本。

1.2　BIM 技术的主要内容

在项目的实施过程中，由于 BIM 技术的应用主体（各利益相关方）的关注点、职责与参与阶段不同，不同单位对应用 BIM 技术的组织方案、设施步骤和控制点也不尽相同。例如，BIM 在管线综合中的应用，建设单位关注其造价，设计单位关注设计的正确性和合理性，施工单位关注施工的成本和便利性，运维单位关注运维的便利程度。虽然不同利益相关者对 BIM 技术的需求不同，但是其作为一种信息共享和传递的工具，要真正发挥作用，仍需要各单位在全生命周期内对 BIM 模型进行传递使用。因此，要发挥 BIM 技术在项目全生命周期中的作用，需要明确不同的利益相关方对 BIM 技术应用的需求，以及 BIM 技术首先要为哪个单位服务。

1.2.1　业主单位与 BIM 应用

第一，可视化的投资方案，能直观反映项目以及业主的需求，实现投资目标。在方案设计阶段，利用 BIM 技术可以实现设计的三维展示，让非建筑专业人员的业主快速"看懂"设计，辅助业主决策，加速项目的推进。第二，对设计、施工阶段动态管理，合理控制项目的时间和成本。基于 BIM 的交互式协同平台，业主可以实时观测设计的最新进展，更好地理解设计师的想法，能够第一时间提出要求，降低沟通成本，及时消除差错。在施工阶段，BIM 技术可以辅助业主验证施工组织的合理性，精确计算工程进度，辅助工程验收。

第三，可视化的物业管理。利用 BIM 模型空间定位、数据记录等功能，可以为后续物业管理以及未来的翻新、改造、扩建过程提供有效的历史信息。

1.2.2　设计单位与 BIM 应用

第一，三维设计。建筑师利用 BIM 技术表述设计思路，设计的成果是三维立体模型，并且模型创建完成后可自动生成平面图、立面图以及大样的详图，大大减少了设计工作。

第二，所有专业人员协同设计。基于建立的协同平台，不同专业的设计人员可以共享最新的设计成果，避免由于各专业人员沟通不畅而导致设计存在的错、漏、碰、缺等问题。此外将各专业的设计成果合并，可以实现一处修改其他自动修改的目标。

第三，建筑性能化设计。BIM 技术可以模拟建筑物的景观可视度、光照、风环境、声环境、热环境等性能，进而通过多方案模拟，寻求符合环境效益的最佳方案，最终达到可持续发展的目的。

1.2.3　施工单位与 BIM 应用

第一，模拟施工方案。BIM 技术可以实现建设项目可建设性的模拟，利用计算机技术对虚拟环境数据进行集成，结合 BIM 模型和施工方案对建设项目施工进行模拟，可在动工前发现质量安全问题。

第二，在 BIM 模型的基础上，增加时间维度的信息，进行施工进度管理。BIM 技术可以按天的单位可视化显示工程进展情况，便于工程管理人员择优选择符合进度要求的施工方案；同时，可以辅助管理人员发现实际进度存在的问题，及时调整。

第三，施工安全管理。BIM 技术由于具有可视化的特点，可以帮助工人提前了解施工现场的情况，提前制定安全策略。此外，BIM 可以对建筑工人施工情况进行预先模拟，进而评估现场工作面、施工机具位置的安全性。

1.2.4　运维单位与 BIM 应用

第一，设施设备管理。结合 BIM 模型和运营维护系统，可以快速获取设施设备的三维标注、规格型号、厂家等信息，让管理人员在使用阶段的维护管理更方便且更有效率。

第二，空间管理。利用 BIM 技术，可以调取建筑内部设备、管线等的位置信息，便于维修时准确找到该设备或管线的位置以及它们之间的空间关系。此外，BIM 技术可以帮助运维人员记录空间的使用情况，确保空间使用的合理性。

1.2.5　BIM 技术与现场绿色施工

1. BIM 与材料的节约

首先，装配式建筑在施工过程中需要对大量的设备、管线、电缆等装置进行设计和安装，建筑结构和各种配套设施的复杂性以及设计人员之间的配合不协调导致不少设计存在缺陷，进而在实际施工过程中造成比较严重的施工材料浪费问题。其次，BIM 技术的运用可以让建筑设计人员通过三维可视模拟发现设计存在的各种问题并及时采取措施进行补救，例如，管线的碰撞、材料浪费问题自然会得到有效的规避。

2. BIM 与土地的节约

BIM 技术可以通过对建筑物模型参数的修改来迅速地完成设计的更改和优化，进而可以通过该技术对建筑场地进行动态化的管理。在整个施工过程中，这种方式让场地的使用率处在一个比较高的水平之上。而建筑物的初步设计，可以通过结构上的对比和优化，将整个建筑物对土地的利用率提高到一定的程度。

3. BIM 与水的节约

由 Autodesk 公司专门为了建筑信息建模开发的 Revit 系列软件，可以帮助工程技术人员设计施工现场的临时给排水管网系统。工程技术人员完全可以在此基础上建立可循环的水处理系统。设计重点是建筑施工企业临时生活区中的生活用水系统、施工现场的混凝土结构养护用水以及除尘清洁用水，等等。工程技术人员可以利用 BIM 技术和相关的软件对水系统的回收能力进行有效的模拟。

4. BIM 与能源的节约

（1）工程技术人员通过 Revit 软件建立施工现场照明系统的三维可视化模型，如工程技术人员通过科学的模拟来实现施工现场照明系统的节能设计。其关键是如何在施工区域内布置数量最少的灯具，同时还要满足现场照明的需要。

（2）BIM 技术强大的三维建模能力和施工前纠错能力可以有效地减少设计失误，如施工材料浪费、能源浪费等失误，这些益处都能直接地或者间接地起到节约能源的作用。

5. BIM 与环境保护

建立在 BIM 技术上的装配式建筑施工方法可以大幅度提高施工现场的作业速度，进而有效地减少了建筑施工造成的噪声污染对周边人群的影响。

6. 构建 BIM 三维模型

装配式混凝土住宅在明确具体设计方向之后，应该将建设单位提供的多元化数据信息进行综合整理和筛选，并通过 BIM 技术构建对应的三维模型。在 BIM 技术中，Tekla 软件和 Revit 软件具有的成熟性和有效性较高，因此利用这两款软件并结合 CAD 等软件，针对装配式混凝土住宅进行模型建立，在保证建筑质量的情况下，能在最短的时间内建立装配式混凝土住宅三维模型。相关技术也可以结合各项数据，通过利用 RevitArehiteciu、RevitMEP，使装配式混凝土住宅整体建筑结构以及建筑内部的暖通设备模型、电力设备模型、给排水管道模型充分呈现在人们面前。与此同时，为了保证装配式混凝土住宅三维模型具有较高的真实性，相关技术人员可以参照设计单位提供的数据信息，建立 1：1 装配式混凝土住宅三维模型。在此过程中，为了保证装配式混凝土住宅三维模型建立工作能快速、有效完成，相关技术人员可以通过对某些网站的有效运用，选择对应的素材，再结合实际情况，对这些素材进行简单的调整和加工，进一步提高建立装配式混凝土住宅三维模型的工作效率。除此之外，当建立装配式混凝土住宅三维模型相关工作结束之后，可以将建立的模型通过 TeklaSixuctures 进行转换，将其转换成 IFC 格式，这样能使建立的模型被 BIM 系统准确识别，从而形成具有完整性的 BIM 三维模型。另外，当装配式混凝土住宅三维建筑模型成功建成之后，相关工作人员可以对图纸进行会审，开展碰撞试验，有效发挥 BIM 三维模型对装配式混凝土住宅设计的作用和价值。

1.3 BIM 技术的发展历程

1.3.1 国内 BIM 技术研究现状

BIM 的研究是一个不断发展的过程。当前，广泛认可 BIM 起源于 1974 年 Chuck Eastman 提出的 "Building Description System"，他提出在考虑建筑属性的基础上，利用信息技术对图形进行编辑和元素组成的处理，并指出对建筑的不同属性进行功能排序的发展方向。

20 世纪 80 年代，Graphisoft 公司提出 VBM（Virtual Building Model，虚拟建筑模型）理念，初步开展了 BIM 技术研究，并推出 ArchiCAD 软件，让更多的企业进入 BIM 的研究领域。美国学者罗伯特·艾什（RobertAish）更准确地提出了 "Building Modeling" 概念。20 世纪 90 年代，G.A.van Nederveen 和 F.P.Tolman 正式为 BIM 命名——Building Information Model，提出项目参与者应整合各层面、各视角的信息，以满足各专业和各功能提取信息的需要。

21 世纪初，在大量软件开发商介入 BIM 技术的研发后，BIM 的研究在建筑领域迅速推广。2003 年 Autodesk 在《BIM 白皮书》中，对 "Building Information Modeling" 做了全面的阐述，标志着 BIM 的研究进入白热化阶段。

1.3.2 有关 BIM 研究的期刊论文的发表情况

本书通过文献产出指标来对 BIM 研究情况进行分析，数据来源于已收录在中国知网（CNKI）的数据库，包含从开始有文献记载到 2013 年底的数据。检索所有包含 "BIM" 篇名的期刊文献并作为样本，经过逐一识别后，剔除不表示 "建筑信息模型" 的文章。查证后发现，中国的 BIM 技术研究第一次出现在学术期刊中。2003 年，Autodesk 公司发布 BIM 白皮书之后，学者对 BIM 技术的研究热情并不高，2003、2004 年仅有 1 篇介绍性文章发表，2005 年更缺乏以 BIM 为题的研究文献，2006、2007 年介绍 BIM 的论文分别为 6 篇和 1 篇。虽然 2003 年颁布的《2003—2008 年全国建筑业信息化发展规划纲要》，提出了技术信息化是关键，但是学者对 BIM 技术的研究重视度还是较低。

2008 年和 2009 年,《中华建筑报》《建筑时报》《中国房地产》先后报道了 29 篇关于 BIM 技术的文章,响应"十一五"发展建筑信息化的要求,引起了学术界关注。同时,2008 年和 2009 年分别有 10 篇和 16 篇学术论文以 BIM 作为篇名发表,BIM 研究初步引起国内学者的关注。2010 年,BIM 研究的数量出现激增,共有 63 篇以 BIM 为篇名的论文得以出版,BIM 的研究热情有所提升。2011—2013 年,BIM 研究迎来了热潮,分别有 155、299、384 篇发表。BIM 在国内研究热情的变化,一定程度上反映了 BIM 技术在我国的发展。面对 BIM 研究信息爆炸的情况,对了解当前研究方向分类具有现实意义。

1.3.3　有关 BIM 研究的期刊论文的分布情况

近 3 年来,搜索主题包含"BIM"的各类文献,有工程科技方面期刊论文831 篇,博硕士论文 64 篇;信息技术方面期刊论文 437 篇,博硕士论文 23 篇;经济与管理科学方面期刊论文 339 篇,博硕士论文 18 篇;还有少量其他方面的论文。部分论文属于跨学科研究,分属不同类别期刊。BIM 作为建筑科学与工程和信息技术的交叉学科,大量论文属于跨学科研究,多数论文分类号多于 1册。期刊论文学科分类的可靠性相对学位论文较低,故而仅参考学位论文也可以发现,跨学科研究较为普遍,其中跨四种学科的学位论文有 1 篇,跨三种学科的学位论文有 3 篇,跨两种学科的学位论文有 17 篇。BIM 研究的侧重方面很多总结为:工程科技、信息技术、经济与科学管理等。较多文献分数交叉学科,跨多个学科;研究内容实践程度、理论深度也各不相同。

因此,对于 BIM 研究侧重类别界定较为模糊,缺少系统的总结。目前对 BIM 概念的来源较为明确,但 BIM 概念定义却并未统一,对 BIM 各类研究的分析和评述尚缺整体上的分类和总结。为深入了解国内 BIM 研究的重点,了解 BIM 研究所处的阶段,需要对 BIM 研究现状进行分析与总结。根据"中国知网"文献收录过程,对 BIM 研究成果的分类仅按照学科分类。大量文献有多个分类号,在系统了解 BIM 后,也很难完全认同学科分类号的分类方式。本书认为 BIM 的研究内容分类可以从 BIM 的定义出发,将对 BIM 的研究内容分为 BIM 技术研究(建筑信息模型)和 BIM 管理研究(信息模型的创建、传递和共享)。但是,BIM 技术是将信息技术应用到建筑行业,跨学科科学研究是 BIM 的本性。大多数研究的细分专业边界界定困难,分类结果还需考虑。

由于国内 BIM 研究存在很大的政策导向性,所以本书考虑按照国家重点项目"建筑业信息化关键技术研究和应用"的主要目标,将 BIM 研究分为四大类：中国 BIM 标准研究类、国内 BIM 应用软件研究类、基于 BIM 的工程管理类、BIM 经验总结类。再进一步按照文献讲述内容、已实现程度和文章的目的，将四大类 BIM 研究进一步细分。

1.BIM 标准体系研究

从"十五"规划起，我国 BIM 研究为了辅助 BIM 软件应用的管理，进行信息化标准化的研究，以方便建筑业各相关产业的各环节共享和应用 BIM。2011 年，清华大学 BIM 组对 BIM 标准框架的研究初具成果，从宏观上为中国 CBIMS 标准进行定位，构建 CBIMS 体系结构，将 BIM 工具的规范主要分为技术标准和实施标准，提出从资源到交付物完整过程的信息传递保障措施。其中，依照标准通用程度，BIM 标准体系框架被分为三层，包括专用基础标准、专业通用标准和专业专用标准。王勇、张建平等对实际应用于建筑施工中的 IFC 数据标准进行研究，建立 IFC 数据扩展模型，编制 IFC 数据描述标准，实例验证了 IFC 标准的可实施性；李犁、邓雪原认为 BIM 的核心在于信息共享和交换，分析 BIM 技术发展的当前问题，提出需要基于 IFC 标准并验证其可行性；周成、邓雪原还补充，用 IDM 标准可以弥补 IFC 标准。开发特定软件时，IFC 数据标准存在数据完备与协调性不足的缺点。从 2012 年，建筑信息模型（BIM）标准研讨会成功召开，建筑工程信息应用统一标准相关课题相应成立，到 2013 年，中国 BIM 系列标准编制工作正式启动。

2.国内 BIM 应用软件研究

（1）基于 BIM 的应用软件实例研究。BIM 作为核心建模软件，何关培根据认识和经验总结过 BIM 软件，虽然很丰富，但不够系统。本书将把基于 BIM 技术的各软件按应用阶段、主体指标和专业进行划分。在项目管理过程中结合实例考察 BIM 软件的研究成果和价值，通常专业软件的设计与工程目标或工程阶段的功能相结合，包括机电、安装和幕墙等。尹奎等分析拟建的嘉里建设广场项目的 BIM 模型，证明了 BIM 的对于物业管理和设备维护的价值。游洋选择基于理想化的状态从机电专业观察 BIM 应用可能出现的问题，并总结了施工过程的一些影响。裴以军等以一个运用 BIM 的机电设计工程实例检验 BIM 应用情况。陈钧利用 BIM 技术进行设备房安装的模拟操作，展现 BIM 的绘制要点以及设备房模型对全生命期的作用。龙文志提出建筑幕墙行业应推行 BIM 的重要性，并论述幕墙行业通过 BIM 帮助企业，使之成为具有高科技含量、强融资能力、高管理水平的企业。结构工程作为建筑工程最重要的一部分，有大量学者为 BIM 有助于结构施工提供理论支持。吴伟以北京谷泉会议中心为例，说明 BIM 应用大大提高工作效率。姬丽苗介绍预制装配式建筑结构设计中应用 BIM 的优势以及存在 PC 技术不成熟的问题。苗倩利用 BIM 可视化技术，认为水利水电工程应用 BIM 仿真效果较为显著。此类研究，通过实例研究，验证 BIM 软件功能与专业结合后的价值和缺陷。此外，还有很多 BIM 在国内应用成功的案例可做研究参考，包括上海世博、杭州奥体中心主体育场、重庆国际马戏城等。BIM 成功案例证明了 BIM 应用的价值，也发现了 BIM 技术的不足。

（2）基于 BIM 技术的应用探索。目前，国内外 BIM 技术的研究重点集中在虚拟设计、虚拟施工和仿真模拟，国内研究停留在分析阶段。赵彬、王友群等将 4D 虚拟建造技术应用在进度管理中，并与传统进度管理进行比较，论证 4D 技术的优越性。张建平在先前建筑施工支护系统研究过程，引入 4D–BIM 技术，生成随进度变化的支护系统模型，验证 4D–BIM 技术用于施工安全的可行性；随后又针对成本超支的现象研究 4D–BIM，为提高管理水平提供新方法。赵志平等就平法施工图表达不清的问题，验证 BIM 进行虚拟设计与施工的效果，并提出了相应人才培养的模式。柳娟花等分析国内外虚拟施工的研究现状，最后对虚拟施工在建筑施工应用进行研究。因为 BIM 对硬件、软件的要求较大，云技术的发展为 BIM 提供更大的平台，实现更大的规模效应。陈小波考虑用"云计算"为 BIM 的协同提供便捷，三个层次满足信息共享、企业权限需求和数据动态更新的问题。何清华提出基于"云计算"的 BIM 实施框架，用"云计算"的优势解决 BIM 的缺点，构建系统的实施五层框架。

BIM 技术的研究在一定程度上，为其他建筑理念服务。绿色建筑是当前建筑技术研究的重要方向，基于 BIM 技术开展绿色建筑建设的设想与应用成为一项重点。除结合 BIM 技术进行建筑设计外，考虑基于 BIM 技术的绿色件数预评估系统，考虑运用 BIM 技术分析建筑性能，实现低耗节能的绿色建筑设计都成为深化绿色技术的方向。李慧敏等还以绿色建筑为设计目标，从被动式建筑设计角度论证应用 BIM 的重要性；刘芳也较为简洁地总结 BIM 对绿色建筑产生的积极意义。针对建筑节能，邱相武采用 BIM 技术开发的建筑节能设计软件，建立便捷的设计建筑模型，并分析相关功能；云朋分析 BIM 与生态节能协同设计的框架，并提出还需解决的问题；肖良丽对 BIM 在绿色节能方面发挥的作用进行说明，达成建筑节能设计；徐勇戈提出 BIM 技术在运营阶段对设备运行控制、能耗监测和安全疏散提供的技术价值。贾晓平认为，建筑的智能化是"智慧城市"的核心，智慧城市是新一代信息技术支撑，而 BIM 等先进的信息化技术是智慧建造的重要支撑。卫校飞声称，BIM 技术将会是智慧城市的重要支撑，BIM 和 GIS 的融合在智慧城市中应用显著。智慧城市将在未来对 BIM 技术的发展指出一定的方向。

（3）基于 BIM 的工程管理研究。基于 BIM 的工程管理包括：对项目管理模式的研究，对项目目标的管理研究，对项目全寿命过程的管理研究。基于 BIM 的项目管理模式研究，张德凯认为，BIM 技术为建筑项目管理模式提供更有优势的选择，并分析各管理模式与 BIM 融合后的优缺点，为 BIM 项目管理模式提出建议。其中 IPD 模式、精益建造模式、Partnering 模式作为新型的集成创新模式，强调从团队合作、组织结构的沟通和风险共担等方式实现集成化管理。BIM 技术为项目的集成化管理提供支撑，提高建设生产效率并帮助业主实现经济效益最大化。BIM 的充分应用可为集成创新模式提供组织集成、信息集成、目标管理、合同等各方面的支持。赵彬等考虑 IPD 模式与精益建造模式的交互意义，考虑基于 BIM 技术的两种模式协同应用。马智亮总结 IPD 的实践问题，归纳采用 BIM 技术可提升 IPD 实施效果的可行途径，构建了 BIM 技术在 IPD 中的应用框架；包剑剑等研究 IPD 模式下 BIM 结合精益建造理念的管理实施，将顾客愿望也通过 BIM 归纳到 IPD 管理中；滕佳颖、郭俊礼等比较传统模式和基于 BIM 的 IPD 模式信息流传递与共享方式及效率，研究 BIM 在项目及各阶段的应用，并提出相应建模策略和具体应用方法，并在此基础上，进一步构建以 BIM 为基础的 IPD 信息策略以及信息策略的 7 个基础模型，提出以多方合作为基础的 IPD 协同管理框架；徐齐升、苏振民等从并行工程、持续改进、价值管理等与 BIM 集成等方面分析 IPD 模式下精益建造关键技术与 BIM 的集成应用，并进行实例分析；徐韫玺、王要武等提出以 BIM 为核心构建建设项目 IPD 协同管理框架。

（4）基于 BIM 的项目目标管理研究。从工程项目关键目标的角度来看，BIM 技术为建筑产品全生命周期提供信息服务，协助质量、进度、成本、安全以及文档合同的管理。赵琳等论证了 BIM 技术为进度管理提供的便捷；何清华谈到进度管理系统本身的问题，应用 BIM 技术后可优化进度管理，并对工作流程进行设计。李静等提出基于 BIM 对生命周期的造价管理研究，BIM 应用可以有效控制全过程的"三算"；张树建分析当前造价管理存在的问题，以及 BIM 相应的应用价值；苏永奕同样分析 BIM 在全过程造价控制中各个阶段的不同作用，分析 BIM 应用形式及难点。李亚东指出了 BIM 应用在质量管理方面的实施要点和关键数据处理。姜韶华根据 BIM 可支持建筑全项目周期信息管理，提出了一个系统化的建设领域非结构化文本信息的管理体系框架；许俊青、陆惠民提出将 BIM 应用于建筑供应链的信息流管理，并设计了供应链的信息流模型基本架构。

（5）基于 BIM 的全生命过程管理的研究。全生命过程的管理，包括全生命期内的信息集成和全生命过程不同阶段的协同研究，既包括不同参与方的信息集成与协同，又包括不同阶段的信息集成与协同。利用 BIM 技术展开的信息集成化管理，为建筑业的企业管理带来了新的思路和方法，改变施工企业的传统管理模式，实现建筑企业集约化管理。潘怡冰认为，大型项目群通过信息集成管理可以提升组织的高效性，而信息集成管理的核心是 BIM，可以通过 BIM 构建包括项目产品、全寿命过程和管理组织的大型项目群管理信息模型；吕玉惠、俞启元等利用 BIM 技术进行施工项目多要素的集成管理，提出相应的系统架构；张建平等通过研究集成 BIM 基本结构、建模流程、应用架构以及建模关键技术，开发 BIM 数据集成与服务平台原型系统；张昆从接口集成和系统集成两大方面，对 BIM 软件的集成方案进行初步的研究。

全生命过程的协同重点研究设计和施工的协同，考虑设计阶段和施工阶段 BIM 的应用价值和潜力，完善协同工作平台，实现无缝连接，提高设计和项目施工的工作效率、生产水平和质量。BIM 技术作为设计企业的核心竞争要素，王雪松、丁华从空间造型能力、流程控制、沟通效率三方面探讨了 BIM 技术对设计方法的冲击；张晓菲强调 BIM 对设计阶段流程优化的作用；王陈远分析 BIM 和深化设计的应用需求，设计基于 BIM 的设计管理流程；王勇、张建平研究 BIM 在建筑结构施工图设计中的数据需求和描述方法，开发相应设计系统。张建平等探讨 BIM 在工程施工的现状，将 4D 和 BIM 相结合，提出工程施工 BIM 应用的技术架构、系统流程和应对措施；刘火生等提出 BIM 为施工现场的可视化管理提供的便捷。满庆鹏、李晓东将普适计算和 BIM 结合，用于研究以信息管理为基础的协同施工；修龙总结设计单位提供的设计模型在施工过程，因为 BIM 模型精度需求不同、缺乏完善手段、效益归属不明确等造成的无法直接使用的情况。部分单位已经尝试应用 BIM 提升项目的协同能力，如机械工业第六设计院进行恒温车间的改造，昆明建筑设计研究院进行的医院项目三维协同设计等。国外 BIM 应用本土化。关于美国的 BIM 研究认识，王新从 2011 年起翻译了一系列"BIM 教父"杰里·莱瑟林关于 BIM 的认识和研究，详细讲述 BIM 的历史、BIM 的定义，认为 BIM 不只是技术，更是过程，并研究 BIM 应用过程的自动化和创新，确定 BIM 自动化的质量等，说明 BIM 是什么，在做什么，以及能做什么，还总结 BIM 软件分类学的问题，结合 BIM 应用过程的创新、质量和软件知识，建立三维模型，最后对 BIM 研究进行展望。整个系列转述完整，构建合理，对 BIM 认识比较到位，深入浅出，有很高的参考价值。王新还总结了美国设计行业 BIM 应用的历程和存在的问题，为国内应用提供参考借鉴。杨宇、尹航结合美国和中国绿色 BIM 应用部分，全面进行现状分析和对比，提出各自的特点。张泳介绍了美国建筑学会（AIA）和 Consensus DOC Consortium 分的 BIM 合同文件，并对其进行对比，为中国建立 BIM 合同提供建议。吴吉明就 BIM 的本土化进行策略研究，分析 BIM 在全球和中国的发展机遇，提出包括过渡期、实践过程、系统化建设等各部分管理策略，提供推进 BIM 发展需要注意的问题。

（6）BIM 实施策略研究。部分学者从宏观上考虑对 BIM 发展策略的研究，考虑 BIM 的分期目标、发展路线图以及有关实施策略。何关培在其著书中对 BIM 发展战略模式进行探讨，认为最大受益方是业主，而动力在施工方；人才是技术发展的关键，价值是市场开拓的关键；BIM 战略发展要从应用、工具和标准三方面进行规划，并对三方面的现状进行探讨。耿狄龙在 BIM 工程实施中总结了问题，提出了 BIM 服务团队各自的利弊，指出有业主主导的情况下最为合理的策略。程建华列举了 25 种 BIM 在建筑行业的应用，认为建设监理单位作为 BIM 技术的推手最为合适。黄亚斌以中建西南设计院为实例，从企业级的角度明确提出 BIM 应用实施分为：战略实施规划、建立实施标准和流程。王广斌、刘守奎提出建设项目 BIM 实施策划的意义，并探讨策划的框架及主要步骤。根据 BilalSuccar 教授对 BIM 成熟度的划分，前 BIM 时代主要运用 CAD 技术，数据传递基本是靠图纸等；后 BIM 时代，数据的管理方式为全生命周期。从前 BIM 时代到后 BIM 时代，总共经过三个阶段（Stage）：S1 以主体为基础的模型（Object-Based881 纪博雅等：国内 BIM 技术研究现状 Modelling）、S2 以模型为基础的协同（Model-Basedcollaboration）、S3 以网络为基础的集成（Network-Based Intergration）。BIM 成熟图以 BIM 成熟度的方式划分。我国 BIM 技术的研究已经初具规模，处于 S2 和 S3 阶段之间。技术性问题，主要集中在设计阶段和施工阶段的协同，包括 4D 虚拟施工等，需要更多的技术指导为 BIM 发展做支撑。管理性问题，主要集中在信息集成和全生命周期管理的研究，考虑相应的项目管理交付方式，并与精益建造等理念相结合。学者提出为 BIM 管理提供支持的多种管理模式，IPD 支付模式的优势较为明显，但是更合适、更实用的管理尚在研究中，还需要更多的实验和更深入的思考。

随着 BIM 技术研究的深入，BIM 标准需要逐步规范，包括基于 IFC、IDM 的 BIM 标准研究。在整个过程中，BIM 标准的研究和确定需要相应法律法规政策的支持，这是国内科技研究的关键。如今因为实际经验较少，部分学者对

BIM 应用障碍进行的总结分析尚缺系统性，还需要配合相应合理的理论逐步总结。

学者在未来对 BIM 的研究，技术上，一方面应侧重于功能需求的发现和功能需求的满足，更多地进行虚拟施工，使 BIM 不是单纯的理念和设想；另一方面，应降低 BIM 应用对高技术设备的依赖程度，在满足 BIM 功能的基础上实现低耗，如云平台的引入。管理上，一方面应规范 BIM 技术的衔接标准和法律规范；另一方面应研究政策与市场、内因与外力对 BIM 应用的实际参与者的引导与激励，解决管理组织上的障碍，完成项目的集成化，推进建筑业向技术密集型转型。

1.3.4　国外 BIM 技术研究现状

1997 年，国际协同联盟 IAI 组织发布了 IFC 数据交换标准的第一个完整版本。经过多年的发展与完善，该标准已被 ISO 组织采纳为国际标准，IFC 数据交换标准致力于建立整个建设项目全生命周期各阶段的信息共享和交换，着眼于工程建设的全领域而非某一单一领域。在 IFC 发展相对成熟后，IAI 开展了对 BIM 技术软件的 IFC 认证。目前，国际上主流的 BIM 软件都通过了 IFC 2×3 认证，支持 IFC 数据格式的输入与输出。

美国的建筑信息化建设起步较早，目前也是在世界各国中 BIM 技术研究和应用较成熟和领先的国家。1996 年，美国发明者协会首次提出了"虚拟建设"的概念；1998 年，美国提出了基于互联网的工程项目管理概念；1999 年，美国形成了应用服务提供商 ASP（Application Service Provider）；2006 年，美国开始制定基于 IFC 数据标准的 BIM 技术国家标准 NBIMS，由此形成了美国国家 BIM 标准体系。在美国 BIM 技术稳步发展的背后是国家层面的着力推动。2003 年，美国总务管理局（GSA）推动建立了"国家 3 D-4D-BIM 计划"（National 3D-4D-BIM Program）。该计划挑选部分 GSA 实际建设项目作为 BIM 试点项目，探索和验证 BIM 技术的应用模式、规则、流程等建筑生命周期的解决方案，起到了很好的示范带动作用。2007 年以来，为鼓励所有 GSA 项目采用 3D-4D-BIM 技术，美国政府对采用该技术的项目承包商根据技术应用深度给予不同程度的资金资助，极大地推动了美国 BIM 技术的应用及相关标准的落地。

加拿大对 BIM 技术的应用与推广也是不遗余力的。加拿大 BIM 委员会正考虑将美国的 NBIMS 第二版直接引入加拿大建筑业。2010 年，加拿大 BIM

学会的一份调查报告显示，加拿大已经实现 BIM 技术应用的建设项目都实现了软件与建筑生命周期的设计、施工、运维阶段的对应，BIM 技术应用程度较深。

新加坡政府早在 1995 年就启动了建筑信息化项目 CORENET(COnstruction and Real Estate NET work)，该项目旨在将琐碎的建筑业务联系起来，形成建筑体系，提高建筑的质量和生产率，但受限于 2D 的建筑表达方式，该项目未能取得预期的效果；2000 年，新加坡政府在 CORENET 项目的基础上积极开发 E-Plan Check，实现对 IFC 数据格式图纸的审阅；2003 年，开发了集成建筑规划功能于一体的 IBP（Integrated Building Plan）系统；2004 年，完成了集成建筑的服务系统 IBS（Integrated Building System）；2005 年，该系统通过了测试。新加坡的 E-Plan Check 计划是国际上政府机构支持 IFC 和 BIM 技术的最大建筑集成服务系统工程，充分体现了新加坡政府建立基于 IFC 数据格式建筑信息化集成服务系统的信心。

1.3.5　国内 BIM 技术研究及应用进展

建筑信息模型作为一项新技术，其模型基础为建设工程项目相关的各种信息数据，以此建立完整的 BIM 模型，提高建筑工程全生命周期内的工程信息化、集成化程度。我国从 2001 年开始引进 BIM 概念。2005 年，Autodesk 公司为了在我国吸纳更多用户，开始宣传 BIM，国内才逐步了解 BIM 这一技术。2007 年，中华人民共和国住房和城乡建设部（以下简称住建部）发布了作为行业产品标准的《建筑对象数字化定义》。2008 年，上海中心大厦在施工中使用了 BIM 技术，使 BIM 技术在我国的发展得以加速。2011 年，华中科技大学建立了第一个 BIM 工程研究院，加快了 BIM 技术在我国发展的脚步。2012 年，住建部印发的《2016—2020 年建筑业信息化发展纲要》中明确提出将 BIM 技术作为工作重心。2017 年，住建部发布公告，批准《建筑信息模型施工应用标准》为国家标准，并于 2018 年 1 月 1 日开始实施。这意味着我国有了自己的标准化政策。

我国针对 BIM 技术标准也开展了一些基础性的研究工作，制定了一些相关标准，但这些标准大多是针对一些局部的需求而建立的，能够满足解决一些特定的局部问题的需要。2009 年，由清华大学牵头联合中国建筑设计单位、施工企业和 BIM 软件商，就中国 BIM 标准框架开展系统研究，在分析国际 BIM 标准体系框架和我国 BIM 标准的实际需求后，提出了能与国际 BIM

标准接轨且符合我国具体国情的中国建筑信息模型标准——CBIMS（Chinese Building Information Modeling Standard）框架。CBIMS 标准由建筑标准、实施标准、技术标准和基础标准四部分构成，该标准出台后将有效填补我国在 BIM 技术研究与推广领域的重大空白，对促进我国工程建设领域的信息化和 BIM 技术应用具有举足轻重的意义。

2014 年 9 月 1 日，由北京市勘察设计和测绘地理信息管理办公室、北京工程勘察设计行业协会负责完成的北京市地方标准——《民用建筑信息模型设计标准》（DB11/T 1063—2014）正式颁布实施，这是我国颁布和发行的第一部 BIM 技术应用标准。北京市《民用建筑信息模型设计标准》的核心内容由总则、术语、基本规定、资源要求、BIM 模型深度要求和交付要求构成，该标准的颁布实施，有利于推动 BIM 技术的应用和推广，避免行业内过多的重复投入，对其他地区的 BIM 技术地方标准的制定具有积极的引导和借鉴意义。政府在推动 BIM 技术研究与应用方面也做了大量工作。

2001 年，住建部提出"建设领域信息化工作基本要点"，并组织了"十五"国家科技攻关项目"城市规划、建设、管理和服务的数字化工程"，其中包含了 70 多个示范项目；2003 年，住建部发布了《2003—2008 年全国建筑业信息化发展规划纲要》，并开展了对 BIM 技术的研究，主要涉及"建筑业信息化标准体系及关键标准研究"与"基于 BIM 技术的下一代建筑工程应用软件研究"的引进转化，这在软件开发上建立了良好的基础；2007 年，住建部颁布了《建筑对象数字化定义》（JG/T 198—2007）；2011 年，住建部颁布了《2011—2015 年建筑业信息化发展纲要》，明确将加快建筑信息模型（BIM）基于网络的协同工作等新技术在工程中的应用，推动信息化标准建设……2014 年 10 月，上海市政府发文要求《关于在本市推进建筑信息模型技术应用的指导意见》，文件中要求建立一个由政府引导、企业参与的 BIM 技术应用推进平台，加强各参与方的统筹协调和信息互通，组织开展 BIM 技术应用模式、收费标准和相关政策制定，扩大 BIM 试点应用范围。在行业协会和国家的双重推动作用下，我国 BIM 技术应用硕果累累。鸟巢、水立方、上海世界博览会中国馆、上海中心大厦、天津港国际邮轮码头、国家电网馆、西安地铁控制运营中心、文登抽水蓄能电站等一大批 BIM 技术应用示范项目拔地而起，这些项目的成功实施不仅很好地锻炼了所有 BIM 技术应用参建单位，还大大改观了我国建设从业者对 BIM 技术的理解与认知，对推动我国 BIM 技术的应用具有承前启后的重要意义。

1.3.6　BIM 技术在建筑节能设计的现状

建筑师做设计的过程，就是建造一个虚拟建筑的过程。这个虚拟的建筑模型包含了大量建筑材料和建筑构件特征等信息，是一个包含了建筑全部信息的综合电子数据库。在这样一个真实的建筑模型中，建筑模型可以任意地输出平面、剖面、立面，以及各种细部详图、建筑材料、门窗表，还可以输出预算报表、施工进度，等等。随着数字化、信息化与智能化技术的发展，以 BIM 技术为核心的多种建筑 3D CAD 软件日趋完善和成熟，在提高设计质量、缩短时间、节约成本等方面，有着 2D CAD 软件无法比拟的优越性。从 2D CAD 过渡到基于 BIM 技术的 3D CAD，是未来计算机辅助建筑设计的发展趋势。越来越多的世界知名建筑师的事务所开始使用 BIM 软件进行建筑设计。我国的一些设计院、事务所也开始关注这一世界上最先进的建筑 CAD 技术。这就为绿色建筑设计中能量分析的自动化、智能化提供了基础稳平台。建筑师在设计过程中创建的虚拟建筑模型已经包含了大量设计信息，包括几何信息、材料性能、构件属性等，只要将模型导入相关的能量分析软件，就可以得到相应的能量分析结果。原本需要专业人士花费大量时间输入大量专业数据的过程，如今利用先进的计算机技术就可以自动完成，建筑师不需要额外花费精力。在建筑设计的方案阶段，能充分利用建筑信息模型和能量分析工具，简化能量分析的操作过程，是建筑师进行绿色建筑设计迫切需要解决的问题。GBS 直接从 BIM 软件中导入建筑模型，利用其中包含的大量建筑信息来建立一个准确地热模型（其中包括合理的分区和方位），将其转换成 XML 格式（gbXML 是一种开放的 XML 格式，已被 HVAC 软件业界迅速接受，成为其数据交换标准），并根据当地建筑标准和法规，对不同的建筑空间类型进行智能化的假定，最后结合当地典型的气候数据，采用 DOE2.2 模拟引擎（一个被广泛接受的建筑分析程序）进行逐时模拟。每年能量消耗、费用以及一系列建筑采暖制冷负荷、系统（诸如照明、HVAC、空间供暖的主要电力和天然气的能源使用）数据都能立刻展现出来。而整个过程中，建筑师只需在 Green Building Studio 中手动地输入建筑类型和地理位置即可。GBS 还能输出 gbXMl、3DVRML、DOE 等文件格式，可以利用其他工具（诸如 Trane 的 Trace700，或 eQuest、Energy Plus 等）对建筑能效进行进一步的分析。在建筑设计基本完成之后，建筑师需要对建筑物的能效性能进行准确地计算、分析与模拟。在这方面，美国的 Energy Plus 软件是其中的佼佼者。Energy Plus 是一个建筑全能耗分析软件（Whole Building Energy Analysist 001），是一个独立的没有图形界面的模拟软件，包含上百个子程序，可以模拟整个建筑的热性能和能量流、计算暖通空调设备负荷等，并可以对整个建筑的能量消耗进行分析。在 2D CAD 的建筑设计环境下，运行 Energy Plus 进行精确模拟，需要专业人士花费大量时间，手工输入一系列大量的数据集，包括几何信息、构造、场地、气候、建筑用途以及 HVAC 的描述数据等。然而在 BIM 环境中，建筑师在设计过程中创建的建筑信息模型可以方便地同第三方设备（如 BsproCom 服务器）结合，从而将 BIM 中的 IFC 文件格式转化成 Energy Plus 的数据格式；另外，通过 GBS 的 gbXML 也可以获得 Energy Plus 的 IDF 格式。BIM 与 Energy Plus 相结合的一个典型实例是自由塔（Freedom Tower）。在自由塔的能效计算中，美国能源部主管的加州大学"劳伦斯·伯克利国家实验室"（LBNL）充分利用了 Archi-CAD 创建的虚拟建筑模型和 Energy Plus 这个能量分析软件。自由塔设计的一大特点是精致的褶皱状外表皮。LBNL 利用 ArchiCAD 软件将这个高而扭曲的建筑物的中间（办公区）部分建模，将外表几何形状非常复杂的模型导入了 Energy Plus，模拟了选择不同外表皮时的建筑性能，并且运用 Energy Plus 来确定最佳的日照设计和整个建筑物的能量性能，最后建筑师根据模拟结果来选择最优化的设计方案。除以上软件以外，芬兰的 Riuska 软件等都可以直接导入 BIM 模型，方便、快捷地得到能量分析结果。

1.3.7　BIM 在我国的发展

建筑设计信息化的具体内容是什么？主流技术正朝着什么方向发展？新技术是否意味着更多的"奇形怪状"的建筑作品？国内设计院所应何去何从？要回答这一系列的问题，我们不妨先从协同设计及 BIM 技术两方面谈起。目前我们所说的协同设计，很大程度上是指基于网络的一种设计沟通交流手段，以及设计流程的组织管理形式，包括：通过 CAD 文件之间的外部参照，使工种之间的数据得到可视化共享；通过网络消息、视频会议等手段，使设计团队成员之间可以跨越部门、地域甚至国界进行成果交流、开展方案评审或讨论设计变更；通过建立网络资源库，使设计者能够获得统一的设计标准；通过网络管理软件的辅助，使项目组成员以特定角色登录，可以保证成果的实时性及唯一性，并实现正确的设计流程管理；针对设计行业的特殊性，可开发出了基于 CAD 平台的协同工作软件；等等。

而 BIM（建筑信息化模型）的出现，则从另一角度带来了设计方法的革命，其变化主要体现在以下几个方面：从二维（以下简称 2D）设计转向三维（以下简称 3D）设计；从线条绘图转向构件布置；从单纯几何表现转向全信息模型集成；从各工种单独完成项目转向各工种协同完成项目；从离散的分步设计转向基于同一模型的全过程整体设计；从单一设计交付转向建筑全生命周期支持。BIM 带来的是激动人心的技术冲击，而更加值得注意的是，BIM 技术与协同设计技术将成为互相依赖、密不可分的整体。协同是 BIM 的核心概念，同一构件元素，只需输入一次，各工种共享元素数据并于不同的专业角度操作该构件元素。从这个意义上说，协同已经不再是简单的文件参照。BIM 技术将为未来协同设计提供底层支撑。2018 年 11 月，建筑工程技术与设计建筑论坛大幅提升了协同设计的技术含量。BIM 带来的不仅是技术，也将是新的工作流及新的行业惯例。

因此，未来的协同设计，将不再是单纯意义上的设计交流、组织及管理手段，它将与 BIM 融合，成为设计手段本身的一部分。借助于 BIM 的技术优势，协同的范畴也将从单纯的设计阶段扩展到建筑全生命周期，需要设计、施工、运营、维护等各方的集体参与，因此具备了更广泛的意义，从而带来综合效率的大幅提升。然而，普遍接受的 BIM 新理念并未普及到实践之中，这使得我们有责任去正视和思考 BIM 设计的优势与不足。当前，2D 图纸是我国建筑设计行业最终交付的设计成果，这是目前的行业惯例。因此，生产流程的组织与管理均围绕着 2D 图纸的形成来进行的（客观来说，这是阻碍 BIM 技术广泛应用的一个重要原因）。2D 设计通过投影线条、制图规则及技术符号表达设计成果，图纸需要人工阅读方能解释其含义。2D CAD 平台起到的作用是代替手工绘图，即我们常说的"甩图板"。2D 设计的优势在于四个方面：一是对硬件要求低（2D 平台是早期计算机唯一能够支持的 CAD 平台）；二是易于培训，建筑师和工程师在学习了 2D 基本绘图命令，相对于可以代替绘图板及尺规等基本工具以后，就可以开始工作了；三是灵活，用户可以随心所欲地通过图形线条表达设计内容，只要该建筑用 2D 图形可以表达，就不存在绘制不出来的问题，应该说，大多数的情况下，2D 的表达是可以满足建筑设计要求的；四是基于 2D CAD 的平台有着大量的第三方专业辅助软件，这些软件大幅提高了 2D 设计的绘图效率。

除了日益复杂的建筑功能要求之外，人类在建筑创作过程中，对于美感的追求实际上永远是第一位的。尽管最能激发想象力的复杂曲面被认为是一种"高技术"和"后现代"的设计手法，实际上远在计算机没有出现、数学也很初级的古代，人类就开始了对于曲面美的探索，并用于一些著名建筑之中。因此，拥有现代技术的设计师们，自然更加渴望驾驭复杂多变、更富美感的自由曲面。然而，令 2D 设计技术汗颜的是，它甚至连这类建筑最基本的几何形态也无法表达。在这种情况下，3D 设计应运而生了。3D 设计能够精确表达建筑的几何特征，相对于 2D 绘图，3D 设计不存在几何表达障碍，对任意复杂的建筑造型均能准确表现。"北京当代十大建筑"中，首都机场 3 号航站楼、国家大剧院、国家游泳中心等著名建筑名列前茅。这些建筑的共同特点是无法完全由 2D 图形进行表达的，这也预示着 3D 将成为高端设计领域的必由之路。尽管 3D 是 BIM 设计的基础，但不是其全部。进一步将非几何信息集成到 3D 构件中，如材料特征、物理特征、力学参数、设计属性、价格参数、厂商信息等，使得建筑构件成为智能实体，3D 模型升级为 BIM 模型。BIM 模型可以通过图形运算并考虑专业出图规则自动获得 2D 图纸，并可以提取出其他的文档，如工程量统计表等，还可以将模型用于建筑能耗分析、日照分析、结构分析、照明分析、声学分析、客流物流分析等诸多方面。纯粹的 3D 设计，其效率要比 2D 设计低得多。地标性建筑可以不计成本，不计效率，但大众化的设计则不可取。可喜的是，为提高设计效率，主流 BIM 设计软件如 AutodeskRevit 系列、Bentley Building 系列，以及 Graphisoft 的 ArchiCAD 均取得了不俗的效果。这些基于 3D 技术的专业设计软件，用于普通设计的效率达到甚至超过了相同建筑的 2D 设计。如果从具有市场影响力的 BIM 核心建模软件来看，ArchiCAD 是 20 世纪 80 年代的产品，Bentley Architectire（TriForma）、Revit 和 Digital Project 则起始于 20 世纪 90 年代。

1.3.8　BIM 技术在国内建设项目中的应用

苑晨丹等把 BIM 技术的发展划分为用于设计、建模中造价算量、碰撞检测的初级阶段，在设计、施工一体化中用于管理、运维的中级阶段，及对智慧城市的建设和运维等智慧应用的高级阶段。

BIM 技术在我国建设项目全寿命周期的应用情况如下。

项目概念：项目选址分析、可视化展示等；

勘察测绘阶段：地形测绘、地形测绘可视化模拟、地质参数化分析、方案设计等；

项目设计阶段：施工图设计、多专业设计协同、参数化设计、日照能耗分析、管线优化、结构分析、风向分析、环境分析、碰撞分析等；

招投标阶段：造价分析、绿色节能、方案展示、漫游模拟等；

施工建设阶段：施工模拟、方案优化、施工安全、进度控制、实时反馈、场地布局规划、建筑垃圾处理等；

项目运营阶段：智能建筑设施、大数据分析、物流管理、智慧城市、云平台存储等；

项目维护阶段：3D 点云、维修检测、清理修整、火灾逃生等；

项目更新阶段：方案优化、结构分析、成品展示等；

项目拆除阶段：爆破模拟、废弃物处理、环境绿化、废弃物运输处理等；

我国已经从初步了解 BIM 技术阶段发展到系统应用 BIM 技术的阶段。

中国房地产业协会商业地产专业委员会、中国建筑业协会工程建设质量管理分会等主持发布了《中国工程建设 BIM 应用研究报告 2011》（以下简称为《报告》）。该《报告》对 136 份有效调查问卷进行了数据分析，在调查群体中，87% 的单位都听说过 BIM，其中，施工单位和设计单位均占全部调查群体的 36%，受访者做过的 BIM 应用主要集中在设计阶段、项目施工招标阶段、项目施工阶段，在大多数一线城市的单位中普及度更高，大多数单位认同 BIM 在施工过程中的管理和成本控制力度更大。这一《报告》让人们更加清楚地了解到中国工程建设行业各参与方对 BIM 在建设项目全寿命周期不同阶段应用价值的认识和应用现状，为 BIM 在我国的广泛普及提供了参考。

1.4 BIM 技术的应用

施工企业要走出一条管理模式合理、产业不断升级的发展之路，需要结合实际项目，加强 BIM 技术在项目中的应用和推广。企业要结合自身条件和需求，遵循规范、合理的实施方法和步骤，做好 BIM 技术的项目实施工作，通过积极项目实践，不断积累经验，建立一批 BIM 技术应用标杆项目，充分发挥 BIM 技术在项目管理中的价值。BIM 项目实践应用点主要有以下几个方面。

1.4.1 深化设计

1. 机电深化设计

在一些大型建筑工程项目中，由于空间布局复杂、系统繁多，对设备管线的布置要求高，设备管线之间或管线与结构构件之间容易发生碰撞，给施工造成困难，无法满足建筑室内净高，造成二次施工，增加项目成本。基于 BIM 技术可将建筑、结构、机电等专业模型整合，再根据各专业要求及净高要求将综合模型导入相关软件并进行碰撞检查，根据碰撞报告结果对管线进行调整、避让，对设备和管线进行综合布置，从而在实际工程开始前发现问题。

2. 钢结构深化设计

在钢结构深化设计中利用 BIM 技术三维建模，对钢结构构件空间立体布置进行可视化模拟，通过提前碰撞校核，可对方案进行优化，有效解决施工图中的设计缺陷，提升施工质量，减少后期修改变更，避免人力、物力浪费，达到降本增效的效果。具体表现为：利用钢结构 BIM 模型，在钢结构加工前对具体钢构件、节点的构造方式、工艺做法和工序安排进行优化调整，有效指导制造厂的工人，让其采取合理有效的工艺加工，提高施工质量和效率，降低施工难度和风险。另外，在钢构件施工现场安装过程中，通过钢结构 BIM 模型数据，建筑师对每个钢构件的起重量、安装操作空间进行精确校核和定位，为在复杂及特殊环境下的吊装施工创造实用价值。

1.4.2　多专业协调

各专业分包之间的组织协调是建筑工程施工顺利实施的关键，是加快施工进度的保障，其重要性毋庸置疑。目前，暖通、给排水、消防、强弱电等各专业由于受施工现场、专业协调、技术差异等因素的影响，缺乏协调配合，不可避免地存在很多局部的、隐性的、难以预见的问题，容易造成各专业在建筑某些平面、立面位置上产生交叉、重叠，无法按施工图作业。通过 BIM 技术的可视化、参数化、智能化特性，进行多专业碰撞检查、净高控制检查和精确预留预埋，或者利用基于 BIM 技术的 4D 施工管理，对施工过程进行预模拟，根据问题进行各专业的事先协调等措施，可以减少因技术错误和沟通错误带来的协调问题，大大减少返工，节约施工成本。

1.4.3　现场布置优化

随着建筑业的发展，对项目的组织协调要求越来越高，项目周边环境的复杂往往会带来场地狭小、基坑深度大、周边建筑物距离近、绿色施工和安全文明施工要求高等问题，并且加上有时施工现场作业面大，各个分区施工存在高低差，现场复杂多变，容易造成现场平面布置不断变化，且变化的频率越来越高，给项目现场合理布置带来困难。BIM 技术的出现给平面布置工作提供了一个很好的方式，通过应用工程现场设备设施的资源，在创建好工程场地模型与建筑模型后，将工程周边及现场的实际环境以数据信息的方式挂接到模型中，建立三维的现场场地平面布置，并参照工程进度计划，可以形象、直观地模拟各个阶段的现场情况，灵活地进行现场平面布置，使现场平面布置合理、高效。

1.4.4　进度优化比选

建筑工程项目进度管理在项目管理中占有重要地位，而进度优化是进度控制的关键。基于 BIM 技术可实现进度计划与工程构件的动态链接，可通过甘特图、网络图及三维动画等多种形式直观表达进度计划和施工过程，为工程项目的施工方、监理方与业主等不同参与方直观了解工程项目情况提供便捷的工具。形象直观、动态模拟施工阶段过程和重要环节施工工艺，将多种施工及工艺方案的可实施性进行比较，为最终方案优选决策提供支持。基于 BIM 技术，施工方和监理方可精确计划、跟踪和控制施工进度，动态地分配各种施工资源和场地，实时跟踪工程项目的进度，并通过比较计划进度与实际进度，及时分析偏差对工期的影响程度以及产生的原因，采取有效措施，实现对项目进度的控制，保证项目能按时竣工。

1.4.5　工作面管理

在施工现场，不同专业在同一区域、同一楼层交叉施工的情况难以避免，对于一些超高层建筑项目，分包单位众多，专业间频繁交叉工作多，不同专业、资源、分包之间的协同和合理工作搭接显得尤为重要。基于 BIM 技术以工作面为关联对象，自动统计任意时间点各专业在同一工作面的所有施工作业，并依据逻辑规则或时间先后，规范项目每天各专业、各部门的工作内容，在工作出现超期时可及时预警。流水段管理可以结合工作面的概念，将整个工程按照施工工艺或工序要求划分为一个可管理的工作面单元，在工作面之间合理安排施工顺序。在这些工作面内部，合理划分进度计划、资源供给、施工流水等，使得基于工作面的内外工作协调一致。BIM 技术可提高施工组织协调的有效性。BIM 模型是具有参数化的模型，可以集成工程资源、进度、成本等信息，在进行施工过程的模拟中，实现合理的施工流水划分，并基于模型完成施工的分包管理，为各专业施工方建立良好的工作面协调管理而提供支持和依据。

1.4.6　现场质量管理

在施工过程中，现场出现的错误不可避免，如果能够将错误尽早发现并整改，就对减少返工、降低成本具有非常大的意义和价值。在现场将 BIM 模型与施工作业结果进行比对验证，可以有效地、及时地避免错误的发生。传统的现场质量检查，质量人员一般采用目测、实测等方法进行，而针对那些需要与设计数据校核的内容，则经常要去查找相关的图纸或文档资料等，为现场工作带来很多的不便。同时，质量检查记录一般以表格或文字的方式存在，也为后续的审核、归档、查找等管理过程带来很大的不便。BIM 技术的出现丰富了项目质量检查和管理方式，将质量信息挂接到 BIM 模型上，通过模型浏览，让质量问题能在各个层面上实现高效流转。相比传统的文档记录，这种方式可以摆脱文字的抽象，促进质量问题协调工作的开展。同时，将 BIM 技术与现代化新技术相结合，可以进一步优化质量检查和控制手段。

1.4.7　图纸及文档管理

在项目管理中，基于 BIM 技术的图档协同平台是图档管理的基础。不同专业的模型通过 BIM 集成技术进行多专业整合，并把不同专业设计图纸、二次深化设计、变更、合同、文档资料等信息与专业模型构件进行关联，能够查询或自动汇总任意时间点的模型状态、模型中各构件对应的图纸和变更信息以及各个施工阶段的文档资料。结合云技术和移动技术，项目人员还可将建筑信息模型及相关图档文件同步保存至云端，并通过精细的权限控制及多种协作功能，确保工程文档快速、安全、便捷、受控地在项目中流通和共享；同时能够通过浏览器和移动设备随时随地浏览工程模型，进行相关图档的查询、审批、标记及沟通，从而为现场办公和跨专业协作提供极大的便利。

1.4.8　工作库建立及应用

建立的企业工作库可以为投标报价、成本管理提供计算依据，客观反映企业的技术、管理水平与核心竞争力。打造结合自身企业特点的工作库，是施工企业取得管理改革成果的重要体现。工作库建立思路是适当选取工程样本，再针对样本工程实地测定或测算相应工作库的数据，逐步累积形成庞大的数据集，并通过科学的统计计算，最终形成符合自身特色的企业工作库。

1.4.9　安全文明管理

传统的安全管理、危险源的判断和防护设施的布置都需要依靠管理人员的经验来进行，而 BIM 技术在安全管理方面可以发挥其独特的作用，从场容场貌、安全防护、安全措施、外脚手架、机械设备等方面建立文明管理方案，指导安全文明施工。在项目中利用 BIM 建立三维模型，让各分包管理人员提前对施工面的危险源进行判断，在危险源附近快速地进行防护设施模型的布置，比较直观地将安全死角进行提前排查。将防护设施模型的布置情况交底于项目管理人员，确保现场按照布置模型执行。利用 BIM 及相应灾害分析模拟软件，提前对灾害发生过程进行模拟，分析灾害发生的原因，制定相应措施，避免灾害的再次发生，并编制人员疏散、救援的灾害应急预案。基于 BIM 技术将智能芯片植入项目现场劳务人员安全帽中，对其进出场控制、工作面布置等方面进行动态查询和调整，有利于安全文明管理。总之，安全文明施工是项目管理中的重中之重，结合 BIM 技术可发挥其更大的作用。

1.4.10　资源计划及成本管理

资源及成本计划控制是项目管理中的重要组成部分，基于 BIM 技术的成本控制的基础是建立 5D 建筑信息模型，它将进度信息和成本信息与三维模型进行关联整合。通过该模型，计算、模拟和优化对应于项目各施工阶段的劳务、材料、设备等的需用量，从而建立劳动力计划、材料需求计划和机械计划等，在此基础上形成项目成本计划，其中材料需求计划的准确性、及时性对于实现精细化成本管理和控制至关重要，它可通过 5D 模型自动提取需求计划，并以此为依据，指导采购，避免材料资源堆积和超支。根据形象进度，利用 5D 模型自动计算完成的工程量并向业主报量，与分包核算，提高计量工作效率，方便根据总包收入控制支出。在施工过程中，及时将分包结算、材料消耗、机械结算在施工过程中周期地对施工实际支出进行统计，将实际成本及时统计和归集，与预算成本、合同收入进行三算对比分析，获得项目超支和盈亏情况，对于超支的成本找出原因，采取针对性的成本控制措施将成本控制在计划成本内，有效实现成本动态分析控制。

1.4.11 业主单位与 BIM 应用

第一，可视化的投资方案，能直观反映项目以及业主的需求，实现投资目标。在方案设计阶段，利用 BIM 技术可以实现设计的三维展示，让非建筑专业人员的业主快速"看懂"设计，辅助业主决策，加速项目的推进。

第二，对设计、施工阶段动态管理，合理控制项目的时间和成本。基于 BIM 的交互式协同平台，业主可以实时观测设计的最新进展，更好地理解设计师的想法，能够第一时间提出要求，降低沟通成本，及时消除差错。在施工阶段，BIM 技术可以辅助业主验证施工组织的合理性，精确计量工程进度，辅助工程验收。

第三，可视化的物业管理。利用 BIM 模型空间定位、数据记录等功能，可以为后续物业管理以及未来的翻新、改造、扩建过程提供有效的历史信息。

1.4.12 设计单位与 BIM 应用

第一，三维设计。建筑师利用 BIM 技术表述设计思路，设计的成果是三维立体模型，并且模型创建完成后可自动生成平面图、立面图以及大样的详图，大大减少了设计工作。

第二，所有专业人员协同设计。基于建立的协同平台，不同专业的设计人员可以共享最新的设计成果，避免由于各专业人员沟通不畅而导致设计存在的错、漏、碰、缺等问题。此外将各专业的设计成果合并，可以实现一处修改其他自动修改的目的。

第三，建筑性能化设计。BIM 技术可以模拟建筑物的景观可视度、光照、风环境、声环境、热环境等性能，进而通过多方案模拟，寻求符合环境效益的最佳方案，最终达到可持续发展的目的。

1.4.13 施工单位与 BIM 应用

第一，模拟施工方案。BIM 技术可以实现建设项目可建设性的模拟，利用计算机技术对虚拟环境数据进行集成，结合 BIM 模型和施工方案对建设项目施工进行模拟，可在动工前发现质量安全问题。

第二，在 BIM 模型的基础上，增加时间维度的信息，进行施工进度管理。BIM 技术可以按天的单位可视化显示工程进展情况，便于工程管理人员择优选择符合进度要求的施工方案；同时，可以辅助管理人员发现实际进度存在的问题，及时调整。

第三，施工安全管理。BIM 技术由于具有可视化的特点，可以帮助工人提前了解施工现场的情况，提前制定安全策略。此外，BIM 可以对建筑工人施工情况进行预先模拟，进而评估现场工作面、施工机具位置的安全性。

1.4.14　运维单位与 BIM 应用

第一，设施设备管理。结合 BIM 模型和运营维护系统，可以快速获取设施设备的三维标注、规格型号、厂家等信息，让管理人员在使用阶段的维护管理更方便且更有效率。

第二，空间管理。利用 BIM 技术，可以调取建筑内部设备、管线等的位置信息，便于维修时准确找到该设备或管线的位置以及它们之间的空间关系。此外，BIM 技术可以帮助运维人员记录空间的使用情况，确保空间使用的合理性。

1.5　BIM 技术的应用前景分析

1.5.1　与其他技术集成应用

随着 BIM 技术在建筑领域的应用不断深入，仅仅使用 BIM 技术已经难以满足建设项目越来越高的要求，更多的是将 BIM 技术与其他技术创新应用，彼此各取所长，进而发挥更大的综合价值。目前，已经有公司尝试将 BIM 技术分别与 PM、云计算、物联网、数字化、3D 打印等技术集成应用。

1.5.2　个性化开发

针对建设项目的具体要求，各种个性化且具有独特功能的 BIM 软件、BIM 应用平台等产品会应运而生。例如，为了发挥 BIM 技术在项目管理系统中的作用，广联达软件公司与广州周大福国际金融中心项目合作开发了东塔 BIM 综合项目管理系统。

1.5.3　全方位应用

BIM 技术的全方位应用包括三个方面：第一，从项目的前期策划阶段到最后的运营维护阶段，BIM 技术全生命周期贯穿其中；第二，项目各利益相关方针对各自的工作内容采用 BIM 技术，包括建设单位、设计单位、施工单位、监理单位等；第三，BIM 技术将在各种类型的项目中被应用，如公共建筑、民用建筑、工业建筑等。

1.5.4　多软件协调

BIM 软件在我国的建筑市场上有很大的应用和发展空间，未来 BIM 技术的发展可能出现设计软件、造价软件、运维软件等多软件协调的情况，各软件之间在全生命周期内能够轻松实现信息传递与共享。

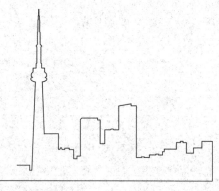

第 2 章　装配式建筑概述

2.1 建筑业的发展历程

我国提出要加快转变经济的发展方式，从粗放型模式向集约型经济模式转变，推动经济持续健康的发展。然而，经济发展的方式涉及众多的领域和环节，是我国经济发展面临的一项长期任务。

建筑业是我国经济的基础性产业，它将对各个行业的发展、人民生活条件的改善产生重大影响。2017年国家统计局的统计结果表明，在82.7万亿元的国内生产总值中，建筑业占比约为25.9%，总产值近21.4万亿元。分析发现，我国建筑业一方面贡献了大额的生产总值，促进了城乡建设快速发展；另一方面却面临着从劳动主导型向技术主导型转型的艰巨任务，长期采用传统的作业方式，造成了资源浪费、建筑品质粗糙、建筑垃圾和扬尘污染等问题。因此，政府提出要推动建筑业的改革发展与转型升级，重点实现绿色的发展模式，依靠现代化的建筑技术、创新的生产技术和智能数字技术来完成。建筑产业化采用的是工业化的组织方式，可以提高生产效率和产品的标准化程度，是解决建筑生产与环境保护之间矛盾的良好切口，成为建筑行业的发展热点。随着改革开放的迅猛发展，以及世界全球化背景下各国交流增加，我国经济取得了高速发展，推动了我国城镇化步伐的加快和水平的提高。据统计，我国城镇常住人口在2017年末达81 347万人，城镇化率超过58%。建筑是城镇中居民生产生活不可或缺的场所。在城镇化快速发展过程中，城市人口和GDP快速增长，给建筑行业的发展带来了前所未有的机会和挑战。城镇化建设的快速扩展带来了产业和人口的集聚，这将会成为新的经济增长点，同时也影响着当地的基础设施建设和农业群体迁移，这就导致了公共服务设施和城镇住房需求的上涨。新型城镇化是为了改善现有的城镇化而提出的新发展方式，要求在发展过程中更多考虑人的因素，实现不制约后代发展的可持续城镇化。我国当前部分建筑业中采用的现场浇筑的方式存在耗费人力大、环境污染严重、施工安全难以保证、施工质量不可控等问题，违反了新型城镇化的发展理念，因此，必须改变这种生产方式。建筑产业化是传统的现场施工方式的颠覆性改革，建筑产业化具备的资源高效配置、施工环境改善和成本节约的优势与"集约、环保、节约"的新型城镇化发展目标一致。为了发挥装配式建筑在新型城镇化建设中的作用，2016年国务院印发的《关于深入推进新型城镇化建设的若干意见》指出要"积极推广应用绿色新型建材、装配式建筑和钢结构建筑",指明了要利用装配式建筑来助力新型城镇的建设。在新型城镇化建设过程中引入装配式建筑,可以加快解决人口增长产生的居住需求,提高城镇基础设施建设水平,引导农民工向产业工人转型,加快建筑业的转型升级。

建筑工业化的概念最早出现在第二次工业革命时期,工业革命将英国先进的技术传送到欧洲各国,推动了欧洲新建筑运动的兴起。之后,建筑业开始出现工厂加工、现场机械组装的生产方式,这种方式就是建筑工业化最初的理论原型。第二次世界大战后,很多欧洲国家面临着住房需求量大而建筑工人不足的矛盾,建筑工业化以其效率优势被推崇,大量装配式体系都是在这个阶段发展起来的。1974 年,联合国为了加快建筑工业化的发展步伐,发布了《政府逐步实现建筑工业化的政策和措施指引》,其中"建筑工业化"被正式定义为:按照工业生产方式改造建筑业,使之逐步从手工业生产转向社会化大生产的过程。

新中国成立后,受苏联等社会主义国家的影响,我国也开始加入建筑工业化的发展行列,在第一个五年计划中提出要在国内推行标准化、工业化、机械化的预制装配式建筑。20 世纪 60 ~ 80 年代,我国的装配式建筑进入快速发展时期。然而到了 90 年代后,由于预制装配式建筑存在设计落后、构件生产精度低、装配水平欠佳等缺陷,而现浇混凝土技术又处于快速发展时期,预制装配式建筑逐渐被现浇混凝土建筑取代。进入 21 世纪后,我国城镇化进入了高速发展时期,给生态环境和自然资源造成了很大的压力,再加上建筑工人成本上升、投入产出失衡等问题的涌现,制约了我国建筑业的发展。建筑工业化是建筑生产方式从现浇到工厂化生产的重大转变,能够提高建筑业的投入产出的经济效率,缩短建设周期,减少对生态环境的破坏,因此我国政府又开始大力推动新型建筑工业化的发展。近几年,我国从国家到地方都积极颁布了相关政策法规,旨在推进我国建筑工业化的发展。2016 年 9 月,国务院印发了《关于大力发展装配式建筑的指导意见》,该意见不仅确立了健全标准规范体系、优化部件生产等主要任务,而且明确装配式建筑的发展进程,即用 10 年的时间实现装配式建筑 30% 的市场占有率。

新型建筑工业化是建筑业生产方式的全新改变,由传统的现浇生产方式向"工厂生产、现场装配"的生产方式转变。新型建筑工业化的实现,需要借助新兴技术来推动,技术层面的开发也不能落下。由此可知,建筑工业化的实现是一个系统工作:生产施工过程中采用的工艺,施工时采用的设备、材料、技术、人工和全生命周期的管理模式等方面都需要仔细推敲。所以,如何更好实现建筑工业化的落地，还需要我们从技术、材料、管理等众多层面深入探索。长久以来，我国建筑业主要采用的是现场施工的方法，即从搭脚手架、支模板、绑钢筋及浇注混凝土，部分工作都是在现场通过人工完成的。这造成了一定的劳动强度和施工风险，此外固体建筑垃圾以及噪声影响着城市的发展和市民的生活质量，现场施工带来的工程质量与精度问题也亟待解决。预制装配式建筑是在工厂内将组成建筑的部分构件或全部构件加工完成，然后运输到施工现场，将预制构件通过可靠的连接方式拼装就位而建成的建筑形式。

2.2　国内外装配式建筑的发展及现状

装配式建筑是本书的对象，首先对相关的国内外研究进行分析。在分析装配式建筑国内外研究进展之前，明确相关术语及其内涵是必要的。不同国家有不同形式的装配式建筑实践，对装配式建筑的定义也不统一，国际上很多学者曾对装配式建筑进行定义，本书列举英国、美国、澳大利亚、马来西亚等国对装配式建筑的定义。Wilson 等认为，装配式建筑是指建筑构件的生产和服务优先于现场装配的一种制造形式。装配式建筑是一种将建筑的大规模部件在工厂生产，然后运输到现场组装的技术。利用工厂生产的方式提前浇筑建筑，对标准化的构件统一生产，然后再批量化运输到施工现场组装，很大程度上加快了大规模构件的安装速度。Richard 认为装配式建筑开始于"预先"，也就是在现场施工之前和在现场外，使用的材料和工艺往往与现场施工相似，但是在工厂完成建筑构件或整个模块的生产。马来西亚常用工业化建筑系统（Industrialized Building System，IBS）指代装配式建筑，指一种将构件在一个可控的环境下（现场和工厂均可）制造，装配到施工现场的施工技术。预制往往与预装配（Pre-assembly）、场外施工（Offsite-Construction）、场外生产（ffsite-Production）这些词联系在一起，往往伴随着机械化（Mechanization），采用机械来减轻工人的现场工作难度。

2.2.1　国外发展状况

第二次世界大战之后，随着科技发展，建筑业进入了高速发展时期。随着工业革命的发展，建筑工业化也随之产生，建筑构件工厂化生产和施工装配率被欧美国家视为建筑产业化的重要评价依据。国外学者对装配式建筑的研究来源于西方先进的制造业技术，是工业化进程下的必然结果。20 世纪中叶，发达国家和地区开始发展装配式建筑，现已建立一套完整的工业化生产和建造体系，同时其装配式建筑的性价和工程质量处于世界领先水平。据统计，德国的住宅建筑的预制率达 94.5%，美国约在 35%，欧洲国家占 35% ～ 40%，日本则在 50% 以上。国外的装配式建筑发展现已进入成熟阶段，这个阶段的重点在于进一步提高装配式建筑的发展水平。通过文献阅读，下面总结出五点研究内容。

（1）理论层面。Agren 和 Wing 回顾了建筑 200 年的发展历史，总结了建筑工业化从萌芽到成熟历经的 4 个过程：构件预制生产、构件部品标准化生产、构件部品规模化生产、生产装配的信息化管理，对建筑工业化的理论发展意义深远。Yashiro 认为建筑工业化的含义根据其社会、经济和技术背景而有所区别，作者通过引入概念框架来描述其含义，框架包括引入创新方法、制造技术、生产技术、功能和生命周期管理、组织管理、供应链成熟度、目的和动机以及相关的约束条件。进一步通过案例研究，我们可以看出框架概念如何有效地描述装配式思想的演变与转变。

（2）装配式建筑成功应用的环境。该环境包括政策环境、利益相关者环境、公众态度等。例如，索尔福德大学的 Arif 和 Egbu 向中国推广装配式建筑时给出建议，在中国稳定增长的住房需求下，应当发挥制造业的优势，采用装配式建筑方式生产住宅，同时政府应当通过政策优惠、奖励来激励和引导。Wei 等调研了装配式建筑利益相关者对采用装配式建筑的态度，认为开发商、设计单位、承包商、生产商对采用新型的装配式建筑方式影响很大。Engstrom 和 Hedgren 基于行为决策理论，通过调研瑞典住宅开发企业对住宅建造方式的选择，指出影响决策的因素主要取决于人们的惰性和大拇指原则。例如，人们想当然地认为，如果装配式建筑是一种更低建造成本的方式，则意味着低质量，人们更愿意根据经验来决策，对装配式建筑采用的保证质量的技术不会深入研究。

（3）质量和安全管理。为了满足当今多样化的住房需求并提高工业化生产的住房质量，日本制造商采用以质量为导向的生产方式，在工业化住宅的制造过程中，采用了基于性价比营销战略，通过提供标准的配件，大大提高了住房质量。美国建筑行业每年的死亡率和受伤率较高，改进安全措施是行业的首要任务。为提高装配式建筑的安全性能，探究装配式建筑制作和施工过程中的不安全做法，Fard 等对 125 起安全事故展开分析，得出装配式建筑最常见的损伤类型是断裂，最常见的事故原因是坠落，造成事故的原因是不稳定的结构。

（4）绿色和可持续。在马来西亚建筑行业，最大限度地减少建筑垃圾是一个紧迫的问题，采用预制和工业化的建筑系统是工业的优先选择事项，也是减少浪费的重要手段。为了验证预制装配式建筑对马来西亚建筑业的作用，Pereira 对比了采用传统浇筑建造和装配式建造的两个项目，结果显示：采用工业化的建筑模式可以减少材料的浪费、减少施工时间并提高资源的重复利用率。为了发挥装配式建筑实现建筑业脱碳的作用，Tumminia 等从全生命周期的角度分析梅西纳预制房屋模块的能量和环境性能，指出由于装配式建筑施工阶段对环境影响较小，应关注建筑材料生产对环境产生的影响。

（5）设计、生产运输和装配的策略和方法研究。装配式建筑的构件在道路运输过程中，卡车拖车上的车辆震动可能会对构件造成损伤。因此，Godbole 等通过装配式建筑预制构件在道路运输过程中的动态加载实验，得出目前的安装和连接方式能够承受正常道路运输过程中的震动。装配式建筑设计运用的传统的非装配式建筑系统，对装配式建筑设计阶段和施工阶段的相关情况考虑不周。因此，Yuna 等提出了制造和装配导向的参数设计概念和方法，使得装配式构件具有良好的可制造性和装配性。Wesz 等在多项目环境的计划系统研发基础上，开发出适用于设计、制造和装配预制构件企业的设计规划控制模型，该模型能够保护设计工作不受可变性的影响，支持设计团队成员之间的协作，并通过向决策者提供系统反馈来提供学习机会。

建筑工业化起源于第二次世界大战后的欧洲。由于战争损坏了大量的房屋，第二次世界大战后的欧洲经济迅速发展，人口向城市集中，房荒严重，劳动力不足，传统技工特别缺失，传统的建筑施工效率很低，不能适应当时所面临的房屋增长的迫切需要。

技术基础比较好，工业底子厚，战后恢复和发展比较迅速，充裕的水泥、钢材和施工机械等为建筑工业化的推行提供了更为有利的条件。

20 世纪 70 年代，欧洲住宅建筑在东欧的匈牙利、捷克、苏联等工业化水平达到 50% ～ 90%；而西欧的英国、丹麦、荷兰、挪威、法国等国的工业化水平达到 20% ～ 40%。美国城市住宅结构基本上以混凝土装配式、工厂化、钢结构装配式为主，降低了建设成本，提高了工厂通用性，增加了施工的可操作性。美国的住宅建设是以及其发达的工业化水平为背景的，美国的住宅用构件和部品的专业化、标准化、系列化、社会化、商品化程度很高，不仅在主体结构构件的通用化上有所体现，而且体现在各类制品和设备的社会化生产和商品化供应上。除工厂生产的活动房屋和成套供应木框架结构的预制构配件外，其他混凝土构件和制品、室内外装修、轻质板材以及设备的产品十分丰富。现在美国，每 16 个人中就有 1 个人居住的是工业化住宅。欧洲非地震区，低层和多层建筑为主，工业化水平和科技水平较高，劳动力稀缺，因而德国、法国、丹麦等欧洲发达国家基本实现了高装配化建筑；日本地震烈度大，减震隔震技术先进。

法国在 1891 年已实施了装配式混凝土的构建，这种混凝土主要采用预应力混凝土装配式框架结构体系，装配率可达到 80%，脚手架用量减少 50%，能量节约可达 70%。20 世纪 50 年代开始，瑞典和丹麦已有大量企业开发了混凝土板墙装配的部件，目前，新建住宅之中通用部件达到 80%，节能率达到 50%以上。

2.2.2 国内发展状况

我国装配式建筑起步较晚。装配式建筑工业化已经成为建筑业发展的新方向，也是我国生产方式转变和新型城镇化建设的迫切需求。"十二五"期间，人们渐渐意识到建筑业粗放型的发展已不再满足国家对可持续发展的要求。面对这个情况，政府开始制定政策，以指导我国建筑业发展装配式建筑。2016 年 9 月，国务院办公厅发布的《国务院办公厅关于大力发展装配式建筑的指导意见》（国办发〔2016〕71 号）提出了"力争用 10 年时间，使装配式建筑占新建建筑面积的比例达到 30%"的目标。2017 年 3 月，住建部颁布的《"十三五"装配式建筑行动方案》又详细制定了发展装配式建筑的阶段性内容，促使我国装配式建筑加速发展。为推动装配式建筑在我国的应用，国内有学者也从国内外发展的经验与启示、结构体系、质量、成本等方面对装配式建筑展开了研究。针对我国装配式建筑的发展情况，部分学者对装配式建筑在国内外发展模式存在的问题展开分析，致力于推动装配式建筑在我国的发展。

范悦和叶明提出要实现中国住宅的可持续发展，根本方法是要在开发阶段进行住宅工业化建设，形成一个完备的住宅工业化生产系统。随后，通过分析住宅工业化在国内外的发展情况，提出了我国的住宅工业化发展要吸取过去的教训并发挥政策的引导作用。齐宝库和张阳结合国内外装配式建筑的发展情况，分析了我国在装配式建筑发展中关于政策、标准、管理和成本四个方面的问题，最后提出了解决现有问题的装配式建筑发展对策。

在新中国成立后，国家引入了装配式建筑，并开始了装配式建筑结构体系的研究，形成了装配式单层工业厂房建筑体系、多层框架建筑体系、大板建筑体系等多种建筑体系。现有的装配式建筑以住宅混凝土建筑为主，因此国内学者对预制装配式混凝土结构体系的研究较多，并且主要集中在该结构体系的适用性与发展。为使混凝土结构体系适应建筑工业化的大趋势，何继峰等研究了预制装配剪力墙结构和预制装配式框架结构这两种常见的建筑结构，重点分析了它们的发展现状、特征和缺陷，并提出了满足工业化发展的改进措施，为我国的建筑工业化发展提供了方向。与现浇建筑的施工相比，装配式住宅建筑对施工人员的技术提出了更高的要求，并且要求结合施工现场实际情况调整装配方案。陶俊阳对混凝土装配式住宅施工技术在使用的过程存在的问题和不足展开分析，并提出向国外学习、企业之间合作和增加技术的资金投入三个建议，以提升混凝土装配式住宅的管理技术。冯国华认为过多的构件种类是导致装配式建筑质量不佳、成本高昂、进度缓慢的主要原因，因此为了保证装配式建筑的质量和经济效益，最后减少预制外墙、楼板等构件的种类。结合农村的具体情况和预制混凝土、轻钢框架、轻钢龙骨、钢网复合板四种住宅体系的特点，曲笛分析了各个住宅体系在农村的适用性，对农村工业化住宅的建设有一定指导作用。随着社会的进步、经济水平的提高和人民对美好生活的追求，质量安全被作为建筑具备的基本要素引起了人们的关注，质量问题也成为国内学者研究的热点之一。依托具体的装配式住宅工程，王召新研究了装配式建筑深化设计、施工前准备、施工管理等过程，结合装配式住宅建造特点，创新设计施工组织、施工管理、质量验收等环节，促进了我国装配式住宅的发展。预制构件之间的搭接是装配式建筑建造的难点，也是最容易产生质量问题的环节，因此连接方式的选择将会影响建筑的质量。对此，吴迪分类总结了现有的装配式建筑节点的连接方式和研究进展，指出国内在连接方式选择中存在缺少经济分析等问题。通过梳理装配式建筑全生命周期内的信息关系，刘美玲等明确了各个过程质量信息的构成，最后通过物联网技术建立了落实主体质量责任和追溯问题批次来源的质量追溯模型。白庶等结合问卷调查与德尔菲专家调查两种方法，筛选了 8 个影响装配式建筑质量的关键因素。为了探究各因素之间的逻辑关系，学者进一步通过结构模型解析法构建各质量因素之间的 ISM 模型，最后根据模型结果将 8 个质量因素分成直接影响因素、核心影响因素和基础影响因素三类。

　　房地产行业作为我国经济增长的重要组成部分，建筑工业化被市场接纳的关键是建筑经济分析结果，装配式建筑开发的经济效益是建筑工业化市场化竞争的关键。因此，一些学者直接从建筑经济评价的角度出发，分析了不同种类的装配式建筑的经济性。利用建筑的全生命周期理论，李永森和李素芳分别对现浇混凝土结构、装配式混凝土结构和装配式钢结构进行了全生命周期内的成本分析，研究结果显示装配式钢结构建筑经济性能最好，可作为不同装配式建筑竞争力的评价标准。

目前，我国装配式建筑以试点示范城市和项目为引导，部分地区呈现规模化发展态势。截至 2013 年年底，全国装配式建筑累计开工 1200 万平方米，2014 年当年开工约 1800 万平方米，2015 年当年开工近 4000 万平方米。据不完全统计，截至 2015 年年底，全国累计建设装配式建筑面积约 8000 万平方米，再加上木结构、建筑钢结构，装配式建筑大约占新开工建筑面积的 5%。

1962 年 9 月 9 日，梁思成以《从拖泥带水到干净利索》为题，在《人民日报》发表文章，解读建筑工业化。文中提出，建筑工业化要做到"三化"，即设计标准化、构件预制工厂化、施工机械化，要大量、高速地建造就必须利用机械施工；要机械施工就必须使建造装配化；要建造装配化就必须将构件在工厂预制；要预制就必须使构件的类型、规格尽可能少，并且要规格统一，趋向标准化。

国内学者从成本控制和影响因素两个方面对装配式建筑的成本管理进行分析。王幼松等以深圳市某住宅项目为例，测算了开发商关注的前期建设阶段的经济效益，其中直接效益为设计成本效益和施工成本效益的实际值，间接效益是工期效益和政策效益的估计值，测算结果表明，相比于现浇建筑，装配式建筑获得的增量效益大于增加的成本。装配式建筑的成本高于相同类型的现浇混凝土建筑，因此很难形成竞争优势。通过分析装配式建筑当前的发展模式，刘禹和李忠富提出，装配式建筑的高生产成本和交易成本是由于建筑业工业化程度低造成的，因此关键要通过建立标准化的生产模式、设计施工一体化的开发流程和规范化的企业组织模式来提高效益。为了降低装配式建筑建设过程中的费用，赵亮和韩曲强从设计、管理、技术和政策四个层面识别了影响装配式建筑成本的 19 个因素，并建立了装配式建筑成本影响评价体系，随后利用 AHP 模型两比较，获得了各个因素的权重。

2.2.3 国家政策

2015 年 12 月 20 日，中央城市工作会议胜利召开，习近平在会上发表了重要讲话，会议指出：在建设与管理两端着力，转变城市发展方式，完善城市治理体系，提高城市治理能力，解决城市病等突出问题；在统筹上下功夫，在重点上求突破，要着力提高城市发展的持续性、宜居性。

为全面贯彻中央城市工作会议精神，2016 年 2 月 6 日发布的《中共中央国务院关于进一步加强城市规划建设管理工作的若干意见》要求发展新型建造方式，大力推广装配式建筑，减少建筑垃圾和扬尘污染，缩短建造工期，提升工程质量，建设国家级装配式建筑生产基地，加大政策支持力度，力争用 10年左右时间，使装配式建筑占新建建筑的比例达到 30%！为了落实会议精神，住建部将"全面推广装配式建筑"作为 2016 年的工作重点之一！

2016 年 9 月 14 日，李克强主持召开国务院常务会议，部署加快推进"互联网 + 政务服务"，以深化政府自身改革，更大程度利企便民；决定大力发展装配式建筑，推动产业结构调整升级，以京津冀、长三角、珠三角城市群和常住人口超过 300 万的其他城市为重点，加快提高装配式建筑占新建建筑面积的比例。自党的十八大提出发展"新型工业化、信息化、城镇化、农业现代化"以来，国家多次提出发展装配式建筑的政策要求。北京、上海、深圳等多个省市也下发了具体实施意见。2017 年 2 月 8 日，李克强主持召开国务院常务会议，再次明确推广装配式建筑，加快推行工程总承包模式，推动产业升级发展。

2.2.4　全国各省市地区的装配式建筑政策

目前，全国已有 30 多个省市出台了专门的装配式建筑指导意见和相关配套措施，不少地方更是对装配式建筑的发展提出了明确要求。越来越多的市场主体开始加入装配式建筑的建设大军中。在各方的共同推动下，2015 年全国新开工的装配式建筑面积为 3500 万～4500 万平方米，近三年新建的预制构件厂数量为 100 个左右。

1. 装配式建筑（上海市）

装配式保障房推行总承包招标：上海市建筑建材业市场管理总站和上海市住宅建设发展中心联合下发通知，要求上海市装配式保障房项目宜采用设计（勘察）、施工、构件采购工程总承包招标。

单个项目最高补贴 1000 万元：对总建筑面积达到 3 万平方米以上，且预制装配率达到 45% 及以上的装配式住宅项目，每平方米补贴 100 元，单个项目最高补贴 1000 万元；对自愿实施装配式建筑的项目给予不超过 3% 的容积率奖励；装配式建筑外墙采用预制夹心保温墙体的，给予不超过 3% 的容积率奖励。

以土地源头实行"两个强制比率"：2015 年，在供地面积总量中落实装配式建筑的建筑面积比例不少于 50%；2016 年，外环线以内符合条件的新建民用建筑全部采用装配式建筑，外环线以外超过 50%；2017 年，起外环以外在 50% 的基础上逐年增加。

2015 年，单体预制装配率不低于 30%；2016 年起，不低于 40%。

2. 装配式建筑（浙江省）

目前，浙江全省已有杭州、宁波、绍兴、金华、舟山、台州、丽水等地制定出台了相应政策文件。

"1010 工程"示范基地：绍兴市被住建部列为"全国建筑产业现代化试点城市"和"国家住宅产业现代化试点城市"。绍兴市大力推进国家住宅产业化基地创建，目前已有 7 个基地获批国家住宅产业化基地。

住宅全装修：2016 年 5 月 1 日起，《浙江省绿色建筑条例》将正式施行。到 2020 年底，浙江新建多层和高层住宅将基本实现全装修，也就是说毛坯房将逐步退出历史舞台。

宁波装配式建筑占比将达 30%：从 2015 年开始，宁波市相继出台了《关于加快推进新型建筑工业化若干意见》和《关于加快推进新型建筑工业化项目建设的实施意见（试行）》，计划到 2020 年，全市装配式建筑占新建建筑的比例将达 30%。

3. 装配式建筑（安徽省）

建筑产业化产值达千亿：2020 年合肥市建筑产业化年产值达千亿元以上。

合肥市委先后引进了中建国际、远大住工、宇辉集团等企业，打造了一批生产基地项目，并引进先进设备，实施产业升级。

推动建筑产业化项目试点：2012 年以来，合肥市先后开工建设了 13 个保障房产业化项目，总建筑面积达 133 万平方米。合肥市建筑产业化项目已开工和计划开工面积累计已达 300 万平方米，并且还将新开工 120 万平方米。

培育 10 家国内领先的建筑产业集团：今后五年，合肥市将建立从住宅设计到施工建造以及相关配套部品的产业体系，使产业化基地形成一个较为完整的住宅工业化技术与产品体系。

4. 装配式建筑（湖北省）

三阶段推进装配式到 80%：2016 年 3 月，湖北省政府出台《关于推进建筑产业现代化发展的意见》，计划到 2025 年全省混凝土结构建筑项目预制率达到 40% 以上，钢结构、木结构建筑主体结构装配率达到 80% 以上。

2016—2017 年，武汉、襄阳、宜昌先行先试，建成 5 个以上建筑产业现代化生产基地，采用建筑产业现代化方式建造的项目建筑面积不少于 200 万平方米，项目预制率不低于 20%。

2018—2020 年，为推广发展期，采用建筑产业现代化方式建造项目，建筑面积不少于 1000 万平方米，项目预制率达到 30%。

2021—2025 年，为普及应用期，混凝土结构建筑项目预制率达到 40% 以上，钢结构、木结构建筑主体结构装配率达到 80% 以上。

5. 装配式建筑（北京市）

将推装配式装修：2015 年 10 月，北京市发布了《关于在本市保障性住房中实施全装修成品交房有关意见的通知》，并同步出台了《关于实施保障性住房全装修成品交房若干规定的通知》。

从 2015 年 10 月 31 日起，凡新纳入北京市保障房年度建设计划的项目（含自住型商品住房）全面推行全装修成品交房。两个通知明确要求，经适房、限价房按照公租房装修标准统一实施装配式装修；自住型商品房装修参照公租房，但装修标准不得低于公租房装修标准。

6. 装配式建筑（重庆市）

超过 2 万平方米的公共建筑全面应用"钢结构"：从 2016 年起，重庆大空间、大跨度或单体面积超过 2 万平方米的公共建筑，将全面应用"钢结构"。政府投资、主导的办公楼、保障房，以及医院、学校、体育馆、科技馆、博物馆、图书馆、展览馆、棚户区改造、危旧房改造、历史建筑维护和加固，大跨度、大空间和单体面积超过 2 万平方米的公共建筑，从规划、设计开始全面应用钢结构。社会投资的文化体育、教育医疗、商业仓储等公共建筑，100 米以上超高层建筑、市级特色工业园区的工业厂房等，将优先采用钢结构。

在交通基础设施方面，跨江大桥、过街天桥、跨线桥等市政桥梁，以及轨道交通、交通枢纽、公交站台、公共停车楼、机场航站楼等，大量采用"钢结构"，并结合"海绵城市"建设，让钢结构在城市地下综合管廊中应用。

7. 装配式建筑（江苏省）

强制要求采用装配式建筑：2016 年 6 月，南京市发布了 2016 年第 05 号土地出让公告。6 幅地块的公告备注中首次出现了"装配式建筑"的强制性要求。在 G22—G27 这 6 幅地块中，"该地块要求装配式建筑面积的比例为 100%，建筑单体预制装配率不低于 30%"。

"所谓 100%，就是整个地块中所有房子都要采用装配式建筑，30% 是针对楼体而言，因为不可能房子的所有部分都在后场预制。"相关人士介绍，30% 是装配式建筑中较低的要求，高一些的能达到 50%。

8. 装配式建筑（广东省）

装配式建筑将达到 30%：2016 年 7 月，广东省城市工作会议指出，要发展新型建造方式，就要大力推广装配式建筑，到 2025 年，使装配式建筑占新建建筑的比例达到 30%。

推动装配式施工：广东省住房和城乡建设厅（简称住建厅）2016 年 4 月印发《广东省住房城乡建设系统 2016 年工程质量治理两年行动工作方案》。大力推广装配式建筑，积极稳妥推广钢结构建筑；同时，启动装配式、钢结构建筑工程建设计价定额的研究编制工作。

单项资助最高 200 万元：2016 年 6 月深圳市住房和建设局（简称住建局）发布了《关于加快推进装配式建筑的通知》和《EPC 工程总承包招标工作指导规则》，对经认定符合条件的示范项目、研发中心、重点实验室和公共技术平台给予资助，单项资助额最高不超过 200 万元。

9. 装配式建筑（湖南省）

装配式钢结构系列标准出台：2016 年 6 月 4 日，湖南省正式发布三项关于装配式钢结构的地方标准，分别是《装配式钢结构集成部品主板》《装配式钢结构集成部品撑柱》和《装配式斜支撑点钢框架结构技术规程》。

装配式混凝土结构系列标准出台：2016 年 11 月，湖南省正式发布《装配式混凝土结构建筑质量管理技术导则（试行）》《装配式混凝土建筑结构工程施工质量监督管理工作导则》。

到目前为止，湖南省采用新型建筑工业化技术建设超过 850 多万平方米的建筑项目，包含写字楼、酒店、公寓、保障房、商品房、别墅等项目。

10. 装配式建筑（四川省）

装配式建筑要超过一半：2016 年 3 月，四川省政府印发《关于推进建筑产业现代化发展的指导意见》。2016—2017 年，成都、乐山、广安、西昌四个建筑产业现代化试点城市，形成较大规模的产业化基地；到 2025 年，装配率达到 40% 以上的建筑，占新建建筑的比例达到 50%；桥梁、水利、铁路建设装配率达到 90%；新建住宅全装修达到 70%。

减税、奖励：支持建筑产业现代化关键技术攻关和相关研究，经申请被认定为高新技术企业的，减按 15% 的税率缴纳企业所得税。在符合相关法律法规等前提下，对实施预制装配式建筑的项目研究制定容积率奖励政策。

按照建筑产业现代化要求建造的商品房项目，还将在项目预售资金监管比例、政府投资项目投标、专项基金、评优评奖、融资等方面获得支持。

大型公共建筑全面应用"钢结构"：四川省《关于推进建筑产业现代化发展的指导意见》明确，政府投资的办公楼、保障性住房、医院、学校、体育馆、科技馆、博物馆、图书馆、展览馆、棚户区危旧房改造工程、历史建筑保护维护加固工程，大跨度、大空间和单体面积超过 2 万平方米的公共建筑，全面应用钢结构等。

不建"精装房"不要想拿地：四川《关于推进建筑产业现代化发展的指导意见》，明确提出对以出让方式供应的建设项目用地，在规划设计条件中明确项目的预制装配率、全装修成品住房（即所谓"精装房"）比例，列入土地出让合同。

"房产商要买地，先要同意按建筑产业化方式来建房。"四川省住建厅相关负责人透露，该政策将在全省推广。每个地块建筑产业化装配率都应在 20% 以上，到 2020 年要达到 30% 以上。

11. 装配式建筑（福建省）

最高补贴 100 万元：2016 年 6 月 30 日，《泉州市推进建筑产业现代化试点实施方案》正式印发。至 2020 年，全市装配式建筑占新建建筑的比例达到 25% 以上，重点培育 3 ～ 5 家建筑产业现代化龙头企业的目标。

作为节能产业的装配式建筑，使用了新材料、新工艺，方案明确的可以申请专项资金补助，即按项目规定建设期内购置主要生产性设备或技术投资额不超过 5% 的比例给予补助，最高限额为 100 万元。

2020 年，30% 的新建建筑为装配式：到 2020 年，泉州、厦门的装配式建筑要占全市新建建筑的比例达 30% 以上；泉州、厦门保障性安居工程采用装配式建造的比例达 40% 以上。

12. 装配式建筑（河北省）

推动农村装配式住宅：河北省住建厅确定平山、易县、张北 3 个县为试点县，推动农村住宅产业现代化发展。当前，河北省已有 5 个国家住宅产业现代化基地和 9 个省级住宅产业现代化基地，建成 7 条预制构件生产线，年设计产能达 40 万立方米。

政府投资项目 100% 采用产业化：石家庄市政府办公厅印发《关于加快推进我市建筑产业化的实施意见》，要求 2016 年全市试点建筑产业化，提出在全市范围内大力推广建筑产业化。

2016 年是试点期，主城区四区和省级试点县平山县分别启动一个产业化示范项目，预制装配率达到 30% 以上。

2017 年 1 月至 2020 年 12 月是推广期。2017 年起，主城区四区和省级试点县平山县政府投资项目 50% 以上采用产业化方式建设，非政府投资开发项目 10% 以上采用产业化方式建设。

到 2020 年底，全市政府投资项目 100% 采用产业化方式建设。

优先保障用地，给予资金补贴：石家庄对采用建筑产业化方式建设且预制装配率达到 30% 的商品房项目，优先保障用地。

对主动采用建筑产业化方式建设且预制装配率达到 30% 及以上的商品房项目，按项目使用新型墙体材料的实际比例退还墙改基金，按预制装配率返退散装水泥基金。

推广钢结构：在大跨度工业厂房、仓储设施中全面采用钢结构；在适宜的市政基础设施中优先采用钢结构；在公共建筑中大力推广钢结构；在住宅建设中积极稳妥地推进钢结构应用。

13. 装配式建筑（辽宁省）

政府工程均应采取预制混凝土或钢结构：在政府投资的建筑工程、市政工程、公共设施、轨道交通、城市综合管廊等配套基础设施项目中全面采用产业化方式建设。

房地产开发项目中推行产业化方式建设，由三环范围内逐步扩大到除新民市、辽中区、康平县、法库县以外的全域，预制装配化率按计划达到 30% 以上。

14. 装配式建筑（海南省）

新建住宅项目中，成品住房供应比例应达到 25%：海南省政府出台的《关于印发海南省促进建筑产业现代化发展指导意见的通知》，要求海南全省采用建筑产业现代化方式建造的新建建筑面积占同期新开工建筑面积的比例达到 10%，全省新开工单体建筑预制率不低于 20%，全省新建住宅项目中成品住房供应比例应达到 25% 以上。

"十三五"期间，海南省要建成 1～2 家国家建筑产业现代化基地，海口市和三亚市要争取创建国家建筑产业现代化试点城市。

15. 装配式建筑（陕西省）

开展建筑产业现代化综合试点：2016 年 3 月初，陕西省住建厅、工业和信息化厅（简称工信厅）、财政厅三部门联合发文，将选择 1～2 个城市开展省级建筑产业现代化综合试点示范。陕西省住建厅将会同省财政厅、省工信厅等部门对各市的申报工作组织进行评审，通过评审的将列入省级建筑产业现代化综合试点示范。

加快推进钢结构生产与应用：通过院校、设计单位、钢铁企业和施工企业的长期研究和实践积累，陕西省发展钢结构其势已成、其势已到，无论从技术能力和设计能力，还是生产能力、制造能力和施工能力都已非常成熟。要以问题为导向，积极学习和借鉴先进省市经验，进一步完善规范标准，出台《陕西省促进绿色建材生产和应用实施方案》等政策措施，推动陕西省钢结构大力发展。

16. 装配式建筑（山东省）

积极推动建筑产业现代化的措施：研究编制并推广应用全省统一的设计标准和建筑标准图集，推动建筑产品订单化、批量化、产业化；积极推进装配式建筑和装饰产品工厂化生产，建立适应工业化生产的标准体系；大力推广住宅精装修，推进土建装修一体化，推广精装房和装修工程菜单式服务。2017 年设区城市新建高层住宅实行全装修，2020 年新建高层、小高层住宅，淘汰毛坯房。

到 2020 年，设区城市和县级市装配式建筑占新建建筑的比例分别达到30%、15%。《山东省绿色建筑与建筑节能发展"十三五"规划（2016—2020年）》（以下简称《规划》）明确，要强力推进装配式建筑发展，大力发展装配式混凝土建筑和钢结构建筑，积极倡导发展现代木结构建筑，到规划期末，设区城市和县级市装配式建筑占新建建筑的比例分别达到 30%、15%。

青岛市积极推进建筑产业化发展。对于装配式钢筋混凝土结构、钢结构与轻钢结构、模块化房屋三类装配式建筑结构体系，棚户区改造、工务工程等政府投资项目，要进行先试，按装配式建筑设计、建造，并逐步提高建筑产业化应用比例；同时，"争取每个区市先开工一个建筑产业化项目，并将其作为试点示范工程"。

设立建筑节能与绿色建筑发展专项基金：建筑产业现代化试点城市奖励资金基准为 500 万元。装配式建筑示范奖励基准为 100 元/平方米，根据技术水平、工业化建筑评价结果等因素，相应核定奖励金额；"百年建筑"示范奖励标准为 100 元/平方米。装配式建筑和"百年建筑"示范单一项目奖励资金最高不超过 500 万元。其中，示范方案批复后拨付 50%，通过验收后再拨付50%，资金主要用于弥补装配式建筑增量成本。

17. 装配式建筑（甘肃省）

全力推进建筑钢结构发展应用：甘肃住建厅印发了《关于推进建筑钢结构发展与应用的指导意见》，多举措推广钢结构发展与应用，支持在部分有条件的地区开展钢结构住宅试点，鼓励房地产开发企业开发和建设钢结构住宅，在农村危房改造中应用钢结构抗震农宅。

装配式建筑与新型建材融合发展的试点示范工作：把装配式建筑发展同提升新区建设的层次和水平紧密结合；把建筑与建材的融合发展同打造新型建材产业基地紧密结合，坚持市场为导向、企业为主体、科研为支撑、联盟为平台，统揽建筑建材业，打造建筑建材产业链。在试点中要坚持融合发展理念、创新发展理念、质量优先理念、低成本核算理念、做专做精理念、互为市场理念。在新区管理委员会的统一领导下，开展试点示范工作，为全省提供装配式建筑与新型建材融合发展的成功经验。

18. 装配式建筑（天津市）

保障性住房全部采用装配式：天津住宅集团作为第一批国家住宅产业化基地，正在开发建设天津市规模最大的保障房项目"双青新家园"，其中 4 个小区 54 栋共计 47 万平方米的保障性住房采用预制装配式方法施工，最高可实现 80% 的预制装配率，达到国内领先水平。天津住宅集团总经理康庄说：采用新型工业化全产业链建造的预制装配式住宅，综合成本有望比传统工艺降低 30%。

19. 装配式建筑（山西省）

装配式建筑占新建建筑的 15%：山西省住建厅发布《山西省住房和城乡建设事业"十三五"规划》，指出要健全符合省情的城镇住房保障体系，发展建筑业，提升建筑节能水平，使绿色建筑推广比例达到 50%，绿色建材推广比例达到 40%，与全国规划水平保持一致。

大力发展钢结构装配式绿色建筑集成产业：积极推动山西产业结构调整和企业转型升级，提升山西省工业化绿色建筑和住宅产业现代化及钢结构装配式建筑的技术水平。

2.3 装配式建筑的发展方向

目前，装配式建筑对整个建筑行业来说变得越来越重要，世界各国纷纷采用装配式建筑来提高生产率，并减轻传统建筑活动对环境和社会带来的不利影响。为了更好地发挥装配式建筑的功能，各国研究人员都致力于提高装配式建筑的技术水平，以解决装配式建筑存在的问题。当前，发达国家的装配式建筑的技术比较先进，已经从闭锁体系向开放体系转变，从湿体系向干体系转变，从只强调结构的装配式向整个建筑物的装配式转变。此外一些创新技术，如建筑信息模型（BIM）、全球定位系统（GPS）、无线射频识别（RFID）等工具也被应用于装配式建筑领域。随着研究和实践的不断丰富与发展，装配式建筑的技术将会越来越成熟和先进。从当前的实施情况来看，未来装配式建筑领域可能会朝着以下四个方向发展。

1. 聚焦于全生命周期

随着建筑信息化的发展，研究者纷纷提出将 BIM 技术应用于项目的全生命周期管理中，通过搭建 BIM 平台实现信息自上而下的传递。此外，我国政府也在大力推动 BIM 技术在建筑领域的应用，BIM 技术应用于装配式建筑领域是必然趋势。装配式建筑主要包括设计、工厂制造、运输、现场组装和运维五个阶段，涉及的项目参与方和环节比传统现浇混凝土建筑更多，BIM 技术的应用可以打破各环节之间的隔阂，为项目参与各方提供信息交流的平台，大大提高装配式建筑的生产效率。

2. 向绿色化方向发展

人们对于建筑领域可持续化发展的追求，促使人们从采用传统的现浇混凝土建筑方式向装配式建筑方式转变。针对我国国情，"绿色建筑工业化"是可持续发展与转变增长方式的要求，我们将不断致力于提高装配式建筑节能、节水、环保以及节材等方面的性能，打造我国的绿色建筑。

3. 向干体系转变

从当前来看，由于我国的装配式建筑还处于初始发展阶段，构件的组装普遍采用预制装配和现浇相结合的湿体系，相对于接头基本不采用现浇混凝土的干体系来说，需要采用的劳动力较多，工艺简单，防渗性能好。

4. 向整体装配式发展

建筑产业化不能单一追求主体结构的产业化，也要实现内装修产品的产业化，两者是一个统一的整体，单一关注其中任何一方都不是真正意义上的建筑产业化。因此，未来的装配式建筑将向主体结构和内装修产品整体装配式发展。

2.4　装配式建筑的分类

装配式建筑按结构形式和施工方法分为以下几种。

2.4.1　预制装配式钢结构

以钢柱及钢梁作为主要的承重构件，类似的建筑方式也叫板材建筑，由预制的大型内外墙板、楼板和屋面板等板材装配而成，是工业化体系建筑中全装配式建筑的主要类型。墙板分为承重式墙板和装饰性墙板，承重墙板多为钢筋混凝土板，装饰墙板如外墙板多为带有保温层的钢筋混凝土复合板，以及特制的钢木保温复合板等带有外饰面的墙板，如图 2-1 所示。

优点：自重轻、跨度大、抗风及抗震性好、保温隔热、隔声效果好，符合可持续化发展的方针，建造效率高，可扩大建筑的使用面积，适用别墅、多高层住宅、办公楼等民用建筑及建筑加层等。

图 2-1　预制装配式钢结构

2.4.2　预制集装箱式房屋

这是一种在板材建筑的基础上发展起来的一种装配式建筑，以集装箱为基本单元，在工厂内流水生产完成各模块的建造，同时完成内部装修，再运输到施工现场，快速组装成多种风格的建筑，如图 2-2 所示。

优点：工厂化程度高，现场安装更快，不但能在工厂完成盒子的结构部分，而且内部装修和设备也都能做好，甚至连家具、地毯等也能一概完成，现场吊装、接好管线即可使用。

图 2-2　集装箱式房屋

2.4.3　砌块建筑

用预制的块状料砌成墙体的装配式建筑，适用于建造 3～5 层建筑。砌块建筑适应性强，生产工艺简单，施工简便，造价较低，还可利用地方材料和工业废料。建筑砌块有小型、中型、大型之分。小型砌块适于人工搬运和砌筑，工业化程度较低，灵活方便，使用较广；中型砌块可用小型机械吊装，可节省砌筑劳动力；大型砌块现已被预制大型板材所代替。砌块有实心和空心两类，实心的多由轻质材料制成。砌块的接缝是保证砌体强度的重要环节，一般采用水泥砂浆砌筑，小型砌块还可用套接而不用砂浆的干砌法，可减少施工工中的湿作业。有的砌块表面经过处理，可作清水墙，如图 2-3 所示。

图 2-3　砌块建筑

2.4.4　板材建筑

　　由预制的大型内外墙板、楼板和屋面板等板材装配而成，又称大板建筑。它是工业化体系建筑中全装配式建筑的主要类型。板材建筑可以减轻结构重量，提高劳动生产率，扩大建筑的使用面积和防震能力。板材建筑的内墙板多为钢筋混凝土的实心板或空心板；外墙板多为带有保温层的钢筋混凝土复合板，也可用轻骨料混凝土、泡沫混凝土或大孔混凝土等制成带有外饰面的墙板。建筑内的设备常采用集中的室内管道配件或盒式卫生间等，以提高装配化的程度。大板建筑的关键问题是节点设计。在结构上应保证构件连接的整体性（板材之间的连接方法主要有焊接、螺栓连接和后浇混凝土整体连接），如图 2-4 ～图 2-6 所示。在防水构造上要妥善解决外墙板接缝的防水，以及楼缝、角部的热工处理等问题。大板建筑的主要缺点：对建筑物造型和布局有较大的制约性；小开间横向承重的大板建筑内部分隔缺少灵活性（纵墙式、内柱式和大跨度楼板式的内部可灵活分隔）。

　　优点：承重框架可为重型的钢筋混凝土结构或重钢结构，自重轻，内部分隔灵活，适用于多层和高层的建筑。

图 2-4　装配式建筑

图 2-5　焊接连接

图 2-6 螺栓连接

2.4.5 盒式建筑

从板材建筑的基础上发展起来的一种装配式建筑。这种建筑工厂化的程度很高，现场安装快。不但在工厂完成盒子的结构部分，而且内部装修和设备也都安装好，甚至可连家具、地毯等一概安装齐全。盒子吊装完成、接好管线后即可使用，如图 2-7、图 2-8 所示。盒式建筑的装配形式有以下四种。

图 2-7 后浇混凝土连接

图 2-8　盒式建筑

（1）全盒式：完全由承重盒子重叠组成建筑。

（2）板材盒式：将小开间的厨房、卫生间或楼梯间等做成承重盒子，再与墙板和楼板等组成建筑。

（3）核心体盒式：以承重的卫生间盒子作为核心体，四周再用楼板、墙板或骨架组成建筑。

（4）骨架盒式：用轻质材料制成的许多住宅单元或单间式盒子，支撑在承重骨架上形成建筑；也有用轻质材料制成包括设备和管道的卫生间盒子，安置在用其他结构形式的建筑内。盒子建筑工业化程度较高，但投资大，运输不便，且需用重型吊装设备，因此，发展受到限制。

2.4.6　骨架板材建筑

骨架板材建筑由预制的骨架和板材组成。其承重结构一般有两种形式：一种是由柱、梁组成的承重框架，是搁置楼板和非承重的内外墙板的框架结构体系；另一种是由柱子和楼板组成承重的板柱结构体系，内外墙板是非承重的。承重骨架一般多为重型的钢筋混凝土结构，也有由钢和木做成的骨架和板材组合，常用于轻型装配式建筑中。骨架板材建筑结构合理，可以减轻建筑物的自重，内部分隔灵活，适用于多层和高层的建筑。钢筋混凝土框架结构体系的骨架板材建筑有全装配式、预制和现浇相结合的装配整体式两种。保证这类建筑的结构具有足够的刚度和整体性的关键是构件连接。柱与基础、柱与梁、梁与梁、梁与板等的节点连接，应根据结构的需要和施工条件，通过计算进行设计和选择。节点连接的方法，常见的有榫接法、焊接法、牛腿搁置法和留筋现浇成整体的叠合法等。

板柱结构体系的骨架板材建筑是方形或接近方形的预制楼板同预制柱子组合的结构系统。楼板四角多数支在柱子上；也有在楼板接缝处留槽，从柱子预留孔中穿钢筋，张拉后灌混凝土。

2.4.7　升板和升层建筑

它是板柱结构体系的一种，但施工方法则有所不同。这种建筑是在底层混凝土地面上重复浇筑各层楼板和屋面板，竖立预制钢筋混凝土柱子，以柱为导杆，用放在柱子上的油压千斤顶把楼板和屋面板提升到设计高度，加以固定。外墙可用砖墙、砌块墙、预制外墙板、轻质组合墙板或幕墙等；也可以在提升楼板时提升滑动模板、浇筑外墙。升板建筑施工时，大量操作在地面进行，减少高空作业和垂直运输，节约模板和脚手架，并可减少施工现场面积。升板建筑多采用无梁楼板或双向密肋楼板，楼板同柱子的连接节点常采用后浇柱帽或采用承重销、剪力块等无柱帽节点。升板建筑的柱距一般较大，楼板承载力也较强，多用作商场、仓库、工厂和多层车库等。升层建筑是在升板建筑每层的楼板还在地面时先安装好内外预制墙体，一起提升的建筑。升层建筑可以加快施工速度，比较适用于场地受限制的地方。

2.5　装配式建筑的缺点

装配式建筑的缺点有如下几个方面。

2.5.1　整体性较差

装配式结构由于其本身的构件拼装特点，决定了其连接节点设计和施工质量的重要性，它们在结构的整体性能和抗震性能上起到了决定性作用。我国属于地震多发区，对建筑结构的抗震性能要求高，如果要运用预制混凝土结构，则必须加强节点连接和保证施工质量。

2.5.2　设计难度较大

装配式结构现在并没有一套完整的行之有效的指导结构设计师进行设计的规范，并且长期以来，现浇混凝土结构在我国占据主要地位，部分结构工程师只熟悉应用现浇混凝土结构的设计方法，对装配式结构的设计方法、特点和构造则比较陌生；而施工现场的工程管理技术人员往往也缺乏装配式建筑的施工经验。我国在 20 世纪 80 年代到 90 年代对预制混凝土技术产生了一个断代，使得掌握这项技术的机构和人才也产生了断代，且随着抗震要求的不断提高，装配式结构的设计难度也更大了。因此设计与施工专业人员的缺乏也是造成装配式结构推广难的一个重要原因。

2.5.3　运输安装问题

由于装配式结构建造方式的特殊性，其预制构件是在预制工厂制作，然后现场安装，在这个过程中预制构件的转移需要大型运输工具和安装设备，其会无形地增大运输和安装成本，因此为了降低运输成本，在选择构件预制厂上应考虑其与施工现场的距离，尽量不选较远的预制工厂，以避免长距离运输。

2.5.4　初期建厂投资大，经济优势不明显

要使用装配式结构，由于需要先建设预制构件厂，厂房建设和专业生产设备的初期投资都很大，并且还会在运输工具以及安装设备上有所投资；再者装配式结构从设计、生产和安装的全过程都需要有较高技术水平的专业人员来完成，这些都无形地增加了装配式结构应用推广的难度。

2.5.5　设计趋于多样化

目前，很多建筑设计都不能对人们的各项需求进行有效的满足，建筑当中存在较多的承重墙，导致建筑内部分隔较多，每个空间的开间都比较小，影响了建筑空间的使用质量。而使用装配式建筑，能够对建筑内部空间进行随意的分隔。空间划分具有较强的灵活性，可以根据用户需求，有针对性地进行空间分

隔。在建筑当中主要应用轻质隔墙，通过石膏板和钢龙骨的结合应用完成空间的划分，具有较高的施工便利性，这也为建筑的多样化设计奠定了一定的基础。

2.5.6　功能趋于科技化

第一，具有良好的节能效果。装配式混凝土建筑常以外挂板为两面混凝土，并在中间夹 50mm 厚的挤塑板，从而增强外墙的保温性能（表 2-1）。同时，这种形式的墙板也能解决因做外保温而带来的外墙面装修脱落问题。装配式建筑在外墙部分设有保温层，在冬季能够起到很好的保温作用，可以减少室内的热能损耗，在夏季其隔热作用也能够减少室外温度对室内温度的影响，从而降低空调的能耗。

表 2-1　装配式建筑施工节能降耗水平

项目节能降耗水平项目节能降耗水平			
木材 /%	55.40	施工用电 /%	18.22
保温材料 /%	51.85	建筑垃圾排放 /%	69.09
水泥砂浆 /%	55.03	碳排放 /（kg·m^{-2}）	27.26
施工用水 /%	24.33	污染	可以有效减少施工现场扬尘排放和噪声污染

第二，隔声效果好。墙体当中设置的保温材料除了能够保证建筑内部温度之外，对声音也具有很好的吸收效果，并且建筑墙体和门窗的衔接部分的空隙较小，能够有效地降低外界的噪声，保证安静的室内环境。

第三，防火性较强。装配式建筑当中应用的材料基本都是难燃或不燃材料，所以火灾概率非常低。

第四，抗震性能良好。由于材料的质量较轻，所以建筑的整体重量也相对较低，在装配式建筑紧密连接的情况下，具有较高的抗震性能。

第五，外观质量较高。立面部分非常清晰，而且不容易受到外部因素影响而出现开裂、变形或褪色等问题。

2.5.7　生产以工厂化为主

在装配式建筑当中应用的外墙板主要在厂家利用模具进行生产，在喷涂、烘烤之后，可以提升外墙板的美观性，而且建筑当中应用的门窗基本都是以环保、质轻的材料制成，生产厂家具有较高的技术水平，所有金属和相关连接件都严格按照生产标准进行制造，此外，很多室内建筑材料都可以通过流水线完成生产，包括涂料以及石膏板等，能够对材料自身的性能进行随时的调整。

2.5.8　装配化施工

在工厂完成各类构件的生产以后，需要在施工现场，由专业人员负责各建筑构件的拼接及安装。与传统建筑工程施工相比，装配式建筑的施工环节相对较少，取消了抹灰、钢筋捆扎以及支模板等施工环节，能够在较短的时间内完成施工建设。施工现场人员数量较少，确保了施工管理的质量，而且这种建筑模式劳动强度较低，施工过程中很少会有噪声、污水以及废物的产生，减少了建筑施工对环境的污染，有利于节能减排目标的实现，但在每个施工环节当中，都要对安装的精度加以保证，以此来保证工程的建设质量。

2.6　现行钢筋混凝土现浇的缺陷

2.6.1　工程施工工期长

从搭脚手、支模、扎筋到混凝土浇筑及墙体砌筑，多数工作主要由手工劳动完成，生产效率十分低下，导致施工工期偏长。再加上现场露天作业受自然条件影响，有可能使工程工期进一步延长。

2.6.2　工程成本难以有效控制

由于现浇结构体系的工序复杂，手工劳动量多，受外界因素干扰大，许多成本因素难以控制。而且，工期越长，影响成本的因素变化就越多，进一步加大了成本控制的难度。

2.6.3　工程质量难以得到可靠保证

（1）钢筋混凝土在成型中常用的小板钢模多次使用后板缝较大，易漏浆，尤其结点处的模板连接更为困难，难以保证结点的尺寸大小，漏浆更突出，甚至混凝土表面出现蜂窝、麻面、露筋和大的空洞。

（2）模板的支撑体系处理不好，会造成下陷，使结构构件的外形尺寸不能满足设计要求，从而改变其受力性能，无法正常使用。对于大开间的模板支撑体系，严重的还可能引发垮塌事故。

（3）混凝土在振捣过程中易发生漏振、振捣不密实的情况。结点处由于钢筋密集，振捣尤为困难，易使结点处的刚度和强度降低。养护时间不足于拆卸模板和支撑，造成结构构件开裂。

（4）维护结构的墙体多采用砌体砌筑，也是手工操作。由于不是承重结构，墙体的垂直度、砂浆强度、砂浆饱满度不易满足设计及施工规范的要求，并且影响后续工作如抹灰、装饰等工作效率和效果。

管理上的所有工序均是现场作业，给质量控制带来一些困难。

（1）建筑工程施工中使用的材料种类多、数量大、来源广、变异性大，但现场很难通过建立稳定、有效的制度来进行检验和控制，保证所有使用材料的品质。

（2）现浇体系在现场生产的工序环节多，生产条件不稳定，很难对每一个工序的生产过程实行规范化管理，再加上多数工序均为手工劳动，其工序质量很大程度上依靠工人的责任心、技术水平、身心状况来决定。此外工人素质本身就存在差异，使工序质量很不稳定，从而对最终工程质量产生影响，加大了工程质量控制的难度。

（3）这种开敞的"作坊"式的现场施工，使社会和政府很难实施有效的监督和管理，从客观上为个别施工单位偷工减料提供了可乘之机。

2.7　预制装配式建筑的优点

2.7.1　施工周期会缩短

采用传统现浇方式，主体结构大概 3～5 天才能达到一层，由于各专业与主体是分开施工的，其实际需要的工期大约是一层 7 天左右。而装配式建筑的构件可以在工厂进行生产，并且每层的构件生产方式与现浇不同，采用的是并联式的生产方式，可以综合运用多专业的技术生产同一构件。只有吊装和拼接各部件才需要在现场完成工作，方便快捷。装配式安装施工时间比较短，大约一层 1 天，其实际需要的工期大约是一层 3～4 天。在施工过程中运用装配式工法，不仅可以极大地提高施工机械化的程度，而且可以降低在劳动力方面的资金投入，同时降低劳动强度。据统计，高层可以缩短 1/3 左右的工期，多层和低层则可以缩短 50% 以上。

2.7.2　降低环境负荷

因为在工厂内就完成大部分预制构件的生产，这就降低了现场的作业量，使得生产过程中的建筑垃圾大量减少，与此同时，由于湿作业产生的诸如废水污水、建筑噪声、粉尘污染等也会随之大幅度地降低。在建筑材料的运输、装卸以及堆放等过程中，选用装配式建筑的房屋，可以大量地减少扬尘污染。在现场，预制构件不仅可以去掉泵送混凝土的环节，有效减少固定泵产生的噪声污染，而且装配式施工高效的施工速度、夜间施工的时间的缩短可以有效减少光污染。

2.7.3　减少资源浪费

建造装配式住宅需要预制构件，这些预制构件都是在工厂内流水线生产的，流水线生产有很大的好处，其一就是可以循环利用生产机器和模具，这就使得资源消耗极大地减少。与装配建造方式相比，传统的建造方式不仅要在外墙搭接脚手架，而且需要临时支撑，这就会造成很多的钢材以及木材的耗费，对自然资源造成了大量消耗。但是装配式住宅不同，它在施工现场只有拼装与吊装这两个环节，这就使得模板和支撑的使用量极大地降低。不容忽视的一点是，在装配式建筑的运营阶段，其在建造阶段所投入的节能、节水、节材效益便会表现出来，相比传统现浇建筑，减少了很大一部分资源的消耗。

2.7.4　提高工程质量

由于我国建筑业迅速发展，大批农民工进入建筑行业，从事施工生产，他们受到的培训往往得不到保证，因此建筑工人的素质参差不齐，导致传统的现场施工方式中，安全和质量事故时有发生。而预制装配式建筑中，可以将这些人为因素的影响降到最低。大量的预制构件都是在预制工厂生产，而构件预制工厂车间中的温度，湿度，专业工人的操作（熟练操作程度影响模板、工具的质量）都优于现场施工方式，因此构件质量更容易得到保证。现场结构的安装连接则遵循固定的流程，专业的工作安装队更能有效保证工程质量的稳定性。

2.8　我国预制装备式建筑目前存在的问题

2.8.1　施工管理水平有待提高

在对装配式建筑所需构件进行生产的过程中，必须要由专业的厂家来完成，同时要保证相关操作人员的专业性。在运输预制构件时，要对专业的运输团队进行优选，并确保安装机械应用的合理性。不管是工程的设计还是预配构件的吊装与连接，都需要保证施工技术及管理工作处于较高的水平。但受到传统建筑模式的影响，很多装配式建筑在实际施工过程中，还存在管理水平不高的问题，在一定程度上影响了装配式建筑的质量，并影响了该项建筑模式的快速发展。因此，在大力发展装配式建筑的过程中，相关单位应该对工程管理人员加强培训，使其专业能力得到不断的强化，通过丰富管理知识，提升管理水平，有效推动装配式建筑的发展。

2.8.2　节点的延性和防水等关键技术需要解决

预制装配式建筑存在较多的节点。保证这些节点的质量是确保预制装配式建筑的关键。目前，节点可较好地实现人们对承载力和刚度的要求，但延性往往达不到要求。应采用可靠的构造措施，保证这些节点的承载力、刚度以及延性达到要求，否则，连接问题将成为制约预制装配式建筑应用的最大问题。另外，预制装配式建筑节点的防水问题也不容忽视，预制装配式不像现场施工那样整体浇注，所以在构件的连接点存在渗漏的质量通病。因此在构造处理上，必须对节点的防水问题采取有效的处理，在控制现场工程量的基础上保证节点的防水性能。

2.8.3　一次性投资高，企业转变观念需要时间

虽然装配式建筑在现场施工的规模相对较小，但是这也要求构件具有较高的质量。在生产构件的过程中，应使用相关模具，并保证模具尺寸的标准性。完成构件生产以后，将其运至现场安装，在此之前应将各项准备工作做好。而这些环节的准备工作都需要一次性投入较多的资金，这对建筑企业自身的综合

实力提出了较高的要求，这也是限制装配式建筑在我国大范围普及应用的因素之一。

2.9 预制装配式建筑在农村的应用前景

随着我国建设社会主义新农村的进一步加强，农村住宅工业化是大势所趋。目前，我国倡导发展的装配式建筑，将为农村的住宅建筑市场带来新气象。但是这类建筑构件的结构体系标准尚待完善，上下游产业链需打通，装配式建筑中的关键材料如灌浆料、套筒连接等技术上还应进一步突破。这些超高超宽的建筑"大件"怎样既符合交通运输法规，又安全运抵客户的建设地点，以及客户对房屋建筑构件个性化的需求等，都是需要解决的问题。

2.10 装配式建筑的发展意义

2.10.1 有利于提高节能减排的效率

在现代的建筑行业领域中，装配式建筑在大力推动绿色建材的使用。绿色建筑材料有着很多优势，其不仅可以精确符合相关的绿色生产标准，确保不对人体造成危害，能够让周围的环境不遭到过度的污染，而且这些建筑材料在建筑物被拆掉后仍然可以进行二次循环。而装配式建筑恰恰大量应用着绿色建筑材料，其可以按照各种不同类型的建筑主体进行合适的调节，并且达到建筑环保的目的，能够有效提高节能减排的效率。装配式建筑广泛地使用轻质材料。轻质材料在不影响建筑本身质量的基础上，做到了材料质量的最小化。装配式建筑还可以将各种类型的保温隔热材料进行相应填充，这能够在一定程度上提高人们的生活水平。跟过去传统式的建筑相对比，装配式建筑能够大幅度降低模板、保温材料、建筑工程水电的耗费量和降低大部分的建筑垃圾的排放量；减少森林土地破坏；产品全部使用环保材料，绿色健康；大幅度减少现场施工的工作量，不会对周围环境造成过大的不良影响；更小面积实现同等功能，提高土地利用率；等等。

2.10.2 有利于促进科技的进步

装配式建筑坚持技术更新、科技进步的创新型发展道路，有利于促进相关科技的进步和创新。与传统的加工制造工序相比，装配式建筑能够在工厂里做好大量的部件制造工作（图 2-9），不会受到恶劣天气的阻碍，工期较为自由且可控性高。与此同时，装配式建筑能够开展交叉作业，这样既方便灵活，又顺畅有序，在很大程度上提高了劳动生产率。装配式建筑还能够减少一定的现场施工作业的人员数量，可以带领建筑行业朝着新的方向前进，提高现代建筑行业的发展水平和质量。

图 2-9 装配式建筑构件生产工厂

2.10.3 进一步确保建筑工程的质量

装配式建筑的材料实现了轻型化的进步，确保了建筑材料的质量，增强了建筑施工工程的安全稳定性，在抗震防洪等领域都有着明显的优势。通过合理科学地分析研究，把各种不同类型的组件进行优化调节，不仅在本质上提高建筑物的整体性能，而且可以使建筑材料的柔性优势得到有效的发挥。例如，建筑材料的柔性可以在抗震方面起到巨大的积极作用。

2.10.4　降低企业成本

预制装配式建筑可减少大量的脚手架、模板等，因为构件可使用钢模板批量生产，生产成本相对较低。对于一些外墙板类的预制部件，采用工厂加工制造方法可减少外墙粉刷的材料费和人工费。因此，装配式建筑在形成规模的情况下，成本相对低于传统建筑的成本。

2.11　装配式建筑崛起的原因分析

2.11.1　装配式混凝土结构的创新发展

随着科技的迅速进步和创新发展，装配式混凝土结构也得到了明显的发展，这是装配式建筑崛起的重要原因之一。在装配式建筑的发展上，节点连接处理问题仍然是较为主要的关键环节之一。在对建筑主体相关结构进行连接的过程中，可以采用钢筋套筒灌浆连接技术，这样可以降低施工建设的误差，使工作操作量减少，也不会对构件中的钢筋性能造成损害，可以提高使用的水平和效率。现阶段在装配式建筑中采用的预制混凝土构件在持续得到升级和革新。例如，新推出的五螺箍混凝土柱，在拥有过去传统的混凝土优点的同时，也实现了对箍筋绑扎精简改良的目的，这就很好地克服了螺旋箍筋用于矩形柱的困难。

2.11.2　拥有健全的技术标准规范

完备健全的相关技术标准规范是确保装配式建筑得到良好发展的关键因素，是促进装配式建筑水平得到进一步提升的制度保证。在装配式建筑得到迅速发展的今天，其相应的施工建设技术标准规范得到了很好地创新和完善，许多施工细节方面得到了科学合理的分析和处理，进一步推动了装配式建筑的标准化发展。

2.11.3　相关施工人员职业素质高

当前我国经济发展迅速，市场经济的发展对于建筑的需求量越来越大，装配式的建筑的广泛应用要求建筑施工人员必须具备较高的职业素养和工作实践能力。而现阶段在我国的装配式建筑发展领域上，已经开展了许多对相关施工人员进行相应能力培训的活动，专门打造装配式建筑施工的精英团队，因此相关施工人员的职业素质较高，这就推动了装配式建筑的进一步发展。

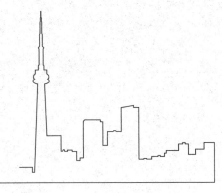

第 3 章　BIM 技术在装配式建筑设计中的应用

3.1　BIM 技术在装配式建筑中的应用现状

3.1.1　国外研究现状

国外建筑工程中 BIM 技术的应用较国内成熟，有些发达国家为了推进 BIM 技术的深入发展，制定了一些 BIM 应用的标准和规章，尤其是美国不仅制定了国家 BIM 标准，而且政府还明确提出：政府项目要起示范作用，带动使用 BIM 技术并逐渐应用基于 BIM 的 IPD 模式。装配式建筑已经被广泛应用于美国、日本、英国等国家的建筑业，同时 BIM 技术的信息共享、集成共用、协同工作等特点与装配式建筑具有很高的契合性，BIM 技术很快被应用于装配式建筑领域。国外的学者主要关注于如何将 BIM 技术与装配式建筑结合，从而实现 BIM 技术在装配式建筑中的优势。

建筑工业化可以为住房需求做出很大的贡献，在工厂进行预制和模块化建设，然后在现场组装，可以提高项目实施的质量，减少项目时间；在另一方面，建筑信息建模（BIM）可以作为一个有效和高效的工具在建筑行业内雇用。因此，BIM 在建筑产业化中的应用可以改善工业化过程中的优势和劣势，解决设计（集成）和建设（提高有效管理能力）阶段。Javad 对建筑产业化和基于 BIM 的集成建设进行了研究，比较了传统建设和工业化建设的特点，阐述了 BIM 技术在装配式建筑中的应用，以及在进度、成本和质量管理上发挥的优势。Zhang 等进行了基于 BIM 的模块化和工业化建设研究，对基于 BIM 的工业化建造方式与传统方式分别的影响进行了比较，还讨论了先进硬件工具的使用，包括使用 3D 激光扫描仪收集已建数据，建立点云模型以更好地协调 MEP 系统，以及使用机器人全站仪进行快速安装。目前，建筑行业缺乏关于 BIM 中使用的预定义的装配式建筑的几何图形和组件信息，为了制定装配式建筑构件在 BIM 中集成和编码的行业标准，Namini 利用基于 XML 语言的 IFC 标准开发了实现预制构件标准化的平面系统。Nawari 指出，虽然 BIM 技术能够有效地协调工业化建筑各个子系统的设计，但是为了使各个参与方之间的数据能够成功交换，需要开发适合装配式建筑的 BIM 标准。Belsky 等指出，为了使 BIM 在装配式建筑中能发挥作用，必须促使工作流中的信息能够自动交换，使得设计企业、构件生产企业和现场安装企业能够在一个信息平台上协同工作。预制构件的装配顺序是装配式建筑的关键，一直以来相关企业被这个问题所困扰。Wang 和 Yuan 采用文献法和专家咨询法研究了预制构件装配顺序规划的问题，提出了一种基于 BIM 的装配顺序规划方法，借助于 BIM 技术可视化的优点，可以帮助工程师获得合理的装配方案。Nscimento 等通过评估 BIM 和精益思想之间的关键协同作用，提出了一种新的综合工作方法，帮助工业设施中管道模块的规划和可视化管理，有助于改进预制和装配率。BIM 技术对构件的几何和功能的数字化演示，可以促进预制构件在现场的装配，但是必须在保证 BIM 模型是完整、准确、实时更新的前提下才能发挥作用。为了充分发挥 BIM 技术的优势，一些学者开发出与装配式建筑相匹配的 BIM 平台。Li 等借助于物联网开发 BIM 平台，实时接收装配现场的信息，帮助各利益相关方实时获取成本、进度等多维信息，提高日常操作、决策制定、协作和监督的效率。Chen 等开发了一种基于 Internet 的建筑信息建模系统，系统集成了自动识别技术、BIM 和云计算，支持在生产、运输和现场组装过程中实时收集、获取可视化的信息，有助于提高资源分配效率，降低人为错误发生的频率。装配式建筑的预制构件在大多数情况下是人工安装的，如果构件设计不当，在施工过程中安装人员会发生工作空间的冲突、影响工作的效率，甚至会发生意外。Wang 等基于 BIM 技术的碰撞检查功能，开发了一种用于劳动空间分析的工具，在设计阶段发现潜在的工作空间冲突并消除它们，再在一系列视图中进行可视化，从而为提高预制装配式的设计质量提供有价值的信息。与传统的现浇结构相比，装配式建筑的预制构件的质量是保证建筑物安全性的关键，如果某一预制构件与其他预制构件在空间上不匹配，可能会影响整个装配式建筑的使用。借助于激光扫描和 BIM 技术，Kim 等开发了一种非接触式尺寸质量保证技术，自动、准确地评估预制混凝土构件是否满足质量标准，实现在制造和组装阶段对构件尺寸安全性的控制。

3.1.2　国内研究现状

BIM 技术满足了装配式建筑标准化、模块化的要求，对于装配式建筑的发展是很好的机遇。意识到 BIM 技术在装配式建筑发展中的价值，最近几年，国内有很多专家学者进行了将 BIM 技术融入装配式建筑的研究，但是有的只是停留在技术应用的层面上。在设计阶段，建立各类部品部件的 BIM 模型库，进而建立建筑整体的 BIM 模型，使各专业数据集成在一个模型上。在完成装配式建筑的总体设计后，运用碰撞检查功能可以自动识别各专业的设计冲突。为解决二维设计图纸包含信息不全，难以指导装配式建筑生产和装配的问题，靳鸣等以成都某住宅项目为例，提出将 BIM 技术应用到装配式建筑深化设计中，通过开发基于 Revit 的深化设计工具集进行构件的深化设计，大大提高了构件的设计精度。BIM 技术的三维可视化和模拟功能为结构设计提供质量和效率的保障。借助 BIM 软件，张启志建立了某钢结构装配式住宅案例的受力结构模型，实现了对组成元素冲突的深入检查。吴伟等借助中建彩虹湾项目，从装配式建筑的特征入手，阐述了基于 BIM 的标准模块设计、节点设计等在装配式项目中的具体应用。与现浇建筑相比，装配式建筑的全生命周期各环节联系得更加紧密，这就对信息在各阶段和各参与方之间的整合和传递提出了很高的标准。胡珉和蒋中行在分析国内外相关 BIM 标准研究后，综合考虑装配式建筑建造过程中对构件深化设计、工厂化生产、运输堆放、现场拼装等阶段的特殊需求，对装配式建筑的信息组成、信息详细程度、信息交互过程、信息传递内容等要求进行分析，搭建了包括装配式建筑的 BIM 设计方案、构件库、信息传递等方面的 BIM 标准框架，有助于实现建筑全生命周期内的信息高效交互。装配式建筑中的生产、安装环节即为施工阶段。由于距离跨度大、涉及的单位众多、管理机制不适用等原因，在施工过程中该阶段存在较多的潜在风险。利用 BIM 技术，生产商可以直接从 BIM 模型中获取预制构件的设计信息，确保加工信息获取的及时性和准确性，避免传递过程中的失误。同时，结合 RFID 技术在构件中置入 RFID 标签，除了可以内置构件信息外，还可实现对构件的实时追踪，方便构件在生产、存储、运输、吊装过程中的管理。基于现实案例中的运用，张家昌等对在装配式建筑的构配件运输、施工过程应用 BIM 技术进行论述，并梳理了综合使用 BIM 技术和 RFID 技术的装配式建筑全生命周期管理流程，促进了装配式项目管理的科学化发展。为发挥 BIM 技术强大的信息处理功能在装配式建筑精细化管理中的作用，谢佳琼提出了包括事前预防、专业技术协调和优化工序在内的施工精细化管理策略。齐贺等将 BIM 和 RFID 技术应用于装配式建筑项目的施工管理中，实时追踪获取现场人员和部品部件的具体信息。通过施工信息实时反馈，人们能够及时调整计划，使其更好地满足现场施工要求，发现现场存在的风险源，从而提高施工中的计划完成度和安全性。孙少辉等以某住宅项目为依托，研究了 BIM 技术在装配式建筑剪力墙结构碰撞检测和复杂构件安装模拟中的应用，为装配式建筑的现场施工提供了技术支撑图。通过统计建筑全生命周期中的费用支出情况，可以发现运维阶段的支出约占比 80%，因此运营维护对于装配式建筑至关重要。理论上，为了更直观、方便地在运维阶段运用 BIM 技术，应开发相应的应用平台和系统。重新开发 BIM 运维系统的简易化的 BIM 数据处理功能，方便运维管理人员将设备信息、维修信息等相关数据录入建筑信息模型中。在此基础上，管理人员能够调节一种整体到局部的效果，使维护人员全面地了解设备信息，并通过模型立体化展示设备和构件的构造关系，防止由于维修不当或过度维修而造成的资源浪费。传感器与无线射频识别（RFID）技术被普遍应用在构件、设施的追踪中，借助多种自动化技术，能实现 RFID 技术与 BIM 模型的集成，在构件识别、室内定位、人员逃生等方面发挥作用。针对以上情况，李天华等提出了 RFID 与 BIM 技术在运维管理整合的思路。他们认为结合 BIM 和 RFID 标签，可以将设施操作相关的信息存储到集成的 BIM 物业管理模型中，实时、直观地了解建筑内设备的运行状况，再根据设备运行参数诊断设备的运行状况，及时采取控制措施。

3.1.3　BIM 研究现状评述

大量的 BIM 研究是针对整个建筑业，研究范围包含所有类型的建筑以及基础设施，与装配式建筑的 BIM 应用匹配度不高。有的学者研究了 BIM 技术与装配式建筑的结合体，上文也综述了现有的关于 BIM 技术应用于装配式建筑的研究。虽然学者对将 BIM 技术融入装配式建筑中的应用提出了展望和可行的解决方案，但是研究的深度和详细程度较低，研究成果很难被应用于实际工程中。因此，本书结合 BIM 技术和装配式建筑的特点，提出了如何将 BIM 技术融入装配式建筑的设计和施工中的实时方案。

3.1.4　主要研究内容及思路

1. 主要的研究内容

本书的主要研究内容包括四部分。

（1）首先，采用理论研究的方法，通过总结相关的文献，分析现阶段装配式建筑的特征及未来发展方向。其次，总结目前 BIM 技术及其相关信息化技术的应用现状，为解决基于 BIM 的装配式建筑在设计、施工阶段的应用提供理论支持。最后，结合装配式建筑当前存在的问题和 BIM 技术的优点，探索将 BIM 技术应用于装配式建筑的逻辑关系和价值。

（2）一方面，通过分析装配式建筑的设计原则，构建了依托于 BIM 技术的装配式建筑设计方法，详细阐述了 BIM 技术在设计阶段的具体运用。另一方面，从目标管理的角度出发，分析装配式建筑施工阶段的目标管理工作，提出 BIM 技术在质量管理、进度管理和成本管理中的具体应用。

（3）采用访谈分析的方法，获得了设计－施工阶段协同管理平台的需求，搭建了平台的系统原型。综合 BIM 技术在装配式建筑设计施工管理的应用分析和用户需求访谈结果，采用系统设计的方法，提出基于 BIM 的装配式建筑设计－施工协同管理平台的系统原型，为以后基于 BIM 的装配式建筑在设计和施工阶段的管理提供支持。

（4）依托某装配式建筑的具体案例，将 BIM 技术融入设计和施工阶段，以验证 BIM 技术在装配式建筑设计、施工管理过程中的适用性。

2. 研究方法

（1）文献研究法。主要通过关键词搜索，对该领域的文献进行搜集、分析、筛选、对比和整理，是研究的基础和灵感来源。利用"装配式建筑""BIM"等关键词，进行了系统的文献搜索，全面认识了相关理论以及发展现状，进一步研究 BIM 技术融入装配式建筑的可行性与价值。

（2）访谈分析法。在获取资料的过程中，使用该方法最为直接有效。为了开发装配式建筑设计施工协同管理平台，采用半结构化访谈的方式获取用户对平台的需求，通过归纳他们的回答并结合理论研究，进而得出基于 BIM 的装配式建筑设计－施工协同管理平台的功能需求。

（3）实证研究法。利用实际的案例，研究 BIM 技术在装配式建筑设计和施工阶段的应用，不仅丰富了研究的内容，还增加了论文的现实意义，为本书提供了令人信服的依据。

3. 技术路线

BIM 研究的技术路线如图 3-1 所示。

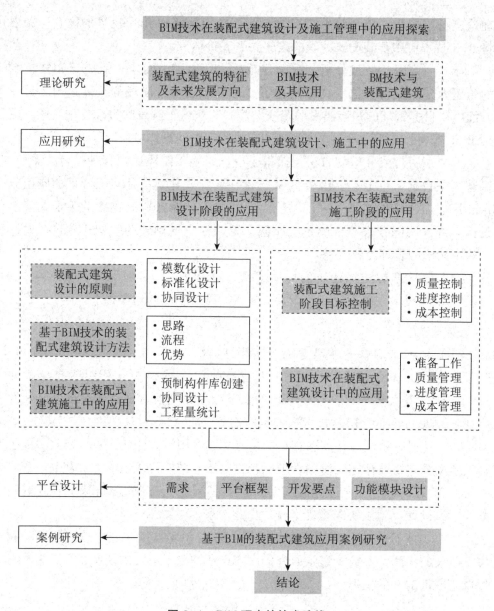

图 3-1　BIM 研究的技术路线

3.2　BIM 技术与装配式建筑

装配式建筑，简称 PC，是指将在加工厂生产好的预制构件直接运输到现场并在工地装配而成的建筑。PC 构件在加工厂进行生产制作，相比于施工现场，受气候变化的影响很小，并且采用机械化的手段，也可以减少相当数量的一线施工人员，节约劳动力，提高建筑的速度和质量。装配式建筑的施工过程大致可以分为三阶段：一为 PC 构件的工厂生产加工阶段；二为运输机械的运输阶段；三为 PC 构件的现场安装阶段。PC 建筑最主要通过管控 PC 构件的施工三阶段来控制整个项目的质量、进度、成本、安全几大目标，目前我国投产使用的主要有三种装配式混凝土结构体系，分别是整体式装配框架结构、整体式装配框剪结构、整体式装配剪力墙结构。PC 建筑相对于传统的钢筋混凝土现浇结构建筑，最大的优点是可以实现设计标准化、生产模式化、施工装配化、管理信息化和装修一体化。建筑信息模型（BIM）技术于 2002 年带入建筑业，到现在经过了近 20 年的发展，将信息化技术用在建筑产业上，用三维信息技术把建筑项目的各阶段信息数据在信息化模型中进行一体化集成，并将建筑、结构、机电、给排水、暖通、装饰装修等各专业工作进行协调，同时 BIM 具有可视化、协调性、模拟性、优化性和可出图性等优点。将 BIM 技术与装配式建筑项目结合，可以使建筑项目中涉及设计、施工、构件加工、对接不足等各种原因造成的资源浪费问题得到比较好的解决；另外通过建立 BIM 参数化的族构件对设计模型进行深化施工，利用场布、BIM5D、梦龙等 BIM 软件进行三维施工模拟，有效提取工程信息；将产业化项目工程由现场粗放的现浇土建工程转变成细致可控的装配式结构的安装工程，在此建造中，能够充分体现出缩短工期、控制成本、提高质量、保证安全等目标，实现快速有效地可持续发展等优势。目前，国家在大力提倡建设项目总承包 EPC 模式，在装配式的建筑项目中运用 EPC 模式，可以从建设项目的层面来达到全产业链的统筹规划，EPC 模式与 BIM 技术在建筑项目中的信息化管理模式的思路不谋而合，EPC 模式能够将项目设计、采购、施工等各方资源进行整合，最大限度地发挥各个环节的巨大优势，而 BIM 技术可以利用全生命周期的信息手段对 EPC 装配式建筑进行沟通协调，多方位、全覆盖实现产业化和信息化的深度融合。

3.2.1　BIM 技术与装配式建筑的关联

虽然装配式建筑具有工期短、绿色环保、质量高等众多优势，但目前来看，其发展进程比较缓慢，它的价值并没有真正发挥出来。另外，装配式建筑面临众多挑战：①在设计阶段需要考虑工厂的生产和现场拼接等因素；②构件运输的物流管理；③需要不同专业之间的高水平协作；④构件、支撑结构和外观之间的复杂关系。传统的装配式建筑生产方式已经不能满足我国建筑业的发展需要，急需采用新的技术来解决当前面临的问题，最大限度地发挥装配式建筑的作用。近十年来，BIM 技术对我国建筑业产生了重大影响，越来越多的建筑行业从业人员开始学习并使用 BIM 软件。一些研究表明，BIM 技术的应用可以在提高设计效率、材料选择、采购和协调的基础上降低约 10% 的设计成本。装配式建筑的构造是高度重复的，这就导致了装配式建筑重复的错误、高成本的返工、低误差等特点，而 BIM 技术的应用不仅能自动识别装配式建筑存在的问题，而且允许 BIM 模型的重复利用。同时，BIM 技术的信息传递和共享特性能够帮助装配式建筑的数据在产业链各环节传递，大大降低沟通成本。由此可见，有效应用 BIM 技术能够增强装配式建筑的效益，使建筑的各个生产环节有效联动。此外，国家也在大力推动 BIM 技术在国内的发展，要求建筑相关企业掌握 BIM 技术与其他信息技术的使用。2016 年，上海市政府提出将 BIM 技术融入装配式建筑的全生命周期过程，推动装配式建筑实现智能升级。政府的推动是促进装配式建筑与 BIM 技术结合的有力工具，BIM 技术应用于装配式建筑领域是必然趋势。

3.2.2　BIM 技术在装配式建筑中的应用价值

1.BIM 技术的应用可以提高设计效率

装配式建筑的构件种类繁多，如果以现浇结构的设计方式作为参考，先整体后局部分析将会导致预制构件的工厂生产变得十分烦琐。因此，在装配式结构设计时引入 BIM 技术，事先将标准通用的构件整合并形成构件库，可以减少设计过程中的构件设计。同时，构件库是设计单位和生产单位共有的，可以确保设计单位设计出来的构件能被工厂生产出来，避免了返工带来的人工成本和时间成本，也保证了工程项目所需构件的及时供应，大大提高了工程建设的效率。BIM 技术的结构碰撞检查功能能够精确地进行错误查找，有助于设计人员及时调整和优化设计中存在的问题。此外，利于 BIM 软件的出图功能，完成三维设计之后能够自动生成含有大量技术标注的施工图，减少了设计人员的绘制工作。

2.BIM 技术将改变构件的生产

对于现阶段预制构件的生产来说，工厂依然采用"人海战术"进行作业，并没有改变建筑业原有的粗放生产方式。引入 BIM 技术，能够形成贴合预制构件特点的信息化生产模式，在保证构件生产质量的基础上极大提高效率。BIM 技术在构件生产中的价值主要体现在以下几点：①采用三维模型对加工制作图纸交底；②利用 BIM 模型精确算量，方便原材料的统计和采购；③工序工艺模拟及优化，保证安全准确；④结合 RFID 技术，对构件生产信息化管理。

3.BIM 技术实现装配现场的信息化管理

将 BIM 技术应用于装配式建筑现场施工，为施工过程信息的提取、更新和修改提供了平台，改善了传统施工中存在的各部门沟通不到位、信息传递不通畅等问题，确保了装配式施工项目的工期、质量和成本三大目标。在构件运输和现场装配过程中，依赖于 BIM 技术、物联网技术、RFID 等信息技术，可以实时调取装配式建筑的设计、运输、生产等信息，进而实现建筑产品的动态调整。

4.BIM 技术辅助装配式建筑的运维管理

BIM 技术自身的特点，使得其相较于传统运维管理具有很大的价值，主要体现在以下几个方面：① BIM 的参数化模型有序存储了项目竣工验收前的全部信息，弥补了传统运营管理存在的构件信息不匹配、信息不全、信息查找困难等问题；②设备维修人员可以借助 BIM 模型完成设备的定位，摆脱了电力、供水等隐藏设备定位的困境；③ BIM 技术的模拟功能可以帮助运维人员对突发情况进行模拟，提前制订响应方案，降低损失。

3.3　BIM 技术在装配式建筑设计中的应用

3.3.1　装配式建筑的设计原则

1.装配式建筑模数化设计

建筑装配工程设计阶段对 BIM 技术的运用主要体现在运用 BIM 技术中信息化模块构建建筑工程的三维建筑模型。根据设计方案和图纸进行模型的信息化参数设置，通过仿真模拟建筑工程的安全性、可靠性、稳定性等设计要求，用于验证设计方案的准确性。对于装配型建筑有关工作者可依托 BIM 技术对设计方案进行优化与健全，如通过仿真可发现建筑工程中出现的信息与实际建筑施工过程不相符、设计方案的安全系数较低等问题，利用 BIM 系统就能够优化、完善相关工作，进一步设计相关内容，使建筑工程流程更加规范、可靠。

（1）生产阶段。装配式建筑生产过程重点围绕着施工过程使用的预制件开展，通过 BIM 技术建模仿真整个建筑的装配过程，通过仿真分析确定最优的装配流程；同时，通过仿真能发现建筑施工过程中可能发生的安全事故，通过制定相关安全措施降低施工安全生产事故发生的概率。利用 BIM 技术可以对构件进行虚拟标注，收集建筑预制件的相关数据，为未来信息数据的交换整理打下基础。通常，在建筑预制件的装配过程中，采用 BIM 技术中存储的构件信息数据，找出已经标注的预制件，进行相关分析工作。通过智能系统对每个预制件进行参数处理，输出对应的数据库，生成对应的二维码，达到设计、施工过程中信息的实时共享。装配式建筑所用的预制件的相关信息均存在于 BIM 模型系统中，存在对应预制件的生产过程及仿真分析得到的模拟信息，实现建筑所需预制件的智能制造和智能装配，大大提高了生产效率。随着科学技术的飞速发展，打印技术也是热门的先进制造工艺，在建筑预制件的制备过程中具有重要的应用价值，通过打印技术可以完成装配式建筑使用的 BIM 模型，实现预制件制备流程的简单化。

（2）施工阶段。装配式建筑预制件的制造和存储涉及多个部门，需要配备大量的技术人员进行预制件的管理，实际工程应用中预制件的管理是最容易出现问题的环节。在装配式建筑工程实际与 BIM 技术的应用相结合的过程中，技术人员可以运用 BIM 技术实现预制件相关数据的处理、存储等，通过比较预制件的安装位置及相关检测效果，自动生成二维码，大大提升了预制件装配过程的智能化水平，提高了装配效率，降低了施工人员的成本和施工危险系数。预制件在装配施工过程中的吊装工作极其复杂，对相关的吊装机械要求较高，需要针对性地提出预制件吊装环节的预防措施，做好安全保障工作。这一过程可以通过 BIM 技术进行实际施工和装配过程的模拟，节约吊装时间，简化吊装现场的布置流程，大大提高了吊装的安全性。同时，BIM 技术还能针对施工车辆进行车辆路线的优化设计，节约工程成本，得出最优方案并用于装配施工，充分发挥机械性能，提高工作效率。

（3）运行和维护阶段。建筑工程的运行和维护对于工作人员的要求较高，需要有丰富的运维工作经验，才能及时发现建筑出现的问题，及时排除。但是BIM 技术可以存储装配式建筑的各种信息数据，能够自动生成相关的工程记录表，进行相关数据的存储，以便于建筑后期运行和维护工作的开展，在不损害业主利益的前提下完成相关运维工作，节约成本，提高工作效率。

装配式建筑模数化设计是指使用基本模数、扩大模数、分模数等方法设计预制构件、建筑组合件、建筑部品等的尺寸。模数化设计是实现建筑工业化、标准化、智能化的前提，通过模数设计能够协调装配式建筑各构配件（部品）的尺寸关系，确保主体结构与室内装修和内装部品之间的整体协调。同时，模数化设计可以保证建筑构件的规格化及通用化，满足建筑多样化和批量化建造要求，降低成本。

装配式建筑的设计应符合《建筑模数协调标准》（GB/T 50002—2013）以及各相关模数协调标准的规定。其中模数化设计的具体要求包括：

①在装配式建筑平面设计时可采用的方法为基本模数或扩大模数，以保证构件从设计、生产到最后的组装等阶段的尺寸协调；

②由于构配件可能采用多种材料，建筑的整体与构配件之间的尺寸关系需要采用模数数列调整；

③设计师要考虑构配件组合时的便利性、高效性和经济性，明确各构配件的尺寸与位置；

④建筑的主体结构应采用基准面定位，模数网格用于表示其平面布局，其中，主体结构构件尺寸与模数网格可叠加；

⑤对于建筑平面和结构平面，宜采用中心线定位法，而建筑剖面和结构剖面宜采用界面定位法；

⑥在确定内装界面定位和接口尺寸时，应在总体模数空间网格控制下，根据构件的尺寸和设备管线的位置进行协调。

（4）预制构件库的创建。预制构件库的创建是基于 BIM 技术的装配式建筑设计方法落实的重点，其通过提供预制构件服务于装配式建筑 BIM 模型的设计。为了发挥预制构件库的作用，其创建应包括预制构件创建与预制构件库组织管理两部分内容，主要的流程有：构件分类与选择、构件的信息创建、构件的审核入库、构件库的管理。

①构件分类与选择。装配式建筑的构件在不同结构体系之间是不能通用的，因此预制构件的分类应以结构体系为基础进行，按照专业、结构的不同分

类建立。例如，人们一般将装配式混凝土分为装配整体式框架结构、装配整体式剪力墙结构和装配整体式框架 – 剪力墙结构三类。完成构件的分类后，选择标准的、通用性强的预制构件入库，此外，入库的构件应符合装配式设计的模数要求，以保证构件的种类在合理的范围内。

②构件的信息创建。完成构件的分类和选择之后，需要为每个构件创建信息。首先为构件设置编码，方便计算机、设计单位和生产单位识别构件。构件的编码设置应遵循唯一性、合理性、简明性、完整性、规范性和实用性 6 大原则。BIM 技术最重要的特点是对工程信息进行完整描述，因此，在完成编码后需要为 BIM 构件创建信息，包括几何信息和非几何信息。几何信息包括尺寸、定位等信息，非几何信息包括材质、做法说明、载荷等信息。

③构件审核入库。完成构件的信息创建后，审核人员需要对构件录入的信息进行逐一检查，构件信息核对无误后才能上传至构件库。构件的信息审核包括两个方面的内容：①检查构件的编码的准确性，是否与构件分类对应，是否与构件逐一对应；②检查构件信息的准确性和完整性。完成构件信息审核后，我们就可以为构件赋予编码并保存入库。

④构件库的管理功能实现。为了发挥基于 BIM 技术的预制构件库的作用，必须要有合理有效的组织，以便于构件库的使用。应对构件库的用户进行权限管理，主要包括管理人员与使用人员，管理人员具有构件入库、删除和修改信息的权限，使用人员仅能对构件进行查询和调用操作。

2. 装配式建筑标准化设计

建筑工业化的重要目标是让大部分构件实现工业化生产，减少现场施工作业，提升工程建设的效率。工厂化批量生产的前提是建筑设计的标准化，没有标准化的设计就难以实现工厂的批量化生产。建筑的标准化设计就是针对不同建筑类型构配件以及连接，制定标准化、系列化的设计方法和过程，主要包括尺寸、规格系列、构造、连接节点等内容。受运输条件、气候环境、各地习性等因素的影响，装配式建筑具有很强的地域性，因此标准化并不是要求完全统一。其中，配件、连接节点和接口可以实施大范围的标准化，而构件只能在小范围内实施标准化。例如，我国南北方由于气候条件差异大，对建筑物外墙的保温、抗渗、抗腐蚀等性能的要求差异较大，外墙板没必要实现全国范围的标准化，可按照地区制定各自的标准，而对于连接时采用的螺栓可实现全国范围的标准化。此外，在开展装配式建筑的标准化设计时还需要关注以下三个方面：第一，标准化设计并不代表着要牺牲建筑物的艺术性，追求标准化需要兼具艺术性和个性化；第二，标准化不等于照搬标准，设计师要依据项目的建筑功能、风格、结构等要求进行标准化设计；第三，标准化的实现需要标准的制定者来推动，设计师只是规范的遵守者。

3. 装配式建筑协同设计

装配式建筑协同设计是指各个单位（建设、设计、生产、施工和管理单位）精心配合、协同工作，实现各个专业（建筑、结构、机电、装修等专业）和各个环节（设计、生产和施工环节）一体化设计。装配式建筑的协同设计有助于保证设计的质量，及时发现设计存在的问题，提升各专业的配合，并根据分析的结果做出相应的措施。BIM 技术可以优化装配式建筑的工程规划，在施工前进行问题的预先处理，对没有必要的施工部分进行削减，可以更好地避免在实际的施工中进行返工，减少工程施工的成本。

与传统混凝土现浇建筑相比，协同设计对于装配式建筑尤为重要。装配式建筑的现场组装方式决定了构件内可能存在预埋件，如果设计阶段没有准确设置预埋件，现场将很难补救。同时，我国要求装配式建筑实施全装修，这就要求提前装修设计，因为需要在构件中设计装修需要的预埋件。此外，国家标准规定装配式建筑需要实现管线分离、同层排水，这就需要相关专业进行协同设计。在开展协同设计时，应该组建以建筑师和结构工程师的团队为主导，由他们负责协同，明确各方的协同责任。为方便各参与单位之间的信息沟通，可以利用 BIM 技术搭建平台，不同专业在同一平台上设计并共享设计成果，以便及时发现设计之间的冲突。另外，在设计早期，生产工厂和施工企业就应该加入互动，避免后期改造成不必要的损失。

3.4　基于 BIM 技术的装配式建筑设计方法

3.4.1　基于 BIM 技术的装配式建筑设计方法的思路

装配式建筑的设计方法最初是从现浇结构的设计演化而来的，设计时普遍采用的方法为先完成整体设计，再对设计进行拆分，完成构件和细部构造设计。这种设计方法是由不同设计单位独立设计的，无法进行充分的沟通交流，这将会导致构件种类繁多，甚至可能带来安全隐患，与建筑工业化的理念相冲突。因此，基于 BIM 技术的装配式建筑设计方法应建立 BIM 协同设计平台，设计人员可以及时获取其他成员的设计成果，方便不同单位之间的设计协调。

此外，BIM 技术在一般建筑设计时遵循方案设计模型—机电专业模型—施工图设计模型的过程，而考虑到预制构件在装配式建筑中的特殊性，需要改进传统的 BIM 技术应用过程。

在完成方案设计后，应由设计主导人员在平台上构建标准预制构件库，减少设计过程中构件的设计和构件的种类。同时，该预制构件库是生产单位和设计单位所共有的，保证设计的构件在工厂生产的能力范围内。在完成构件库的创建后，设计人员可以从中提取或补充构件，完成构件的初步设计模型。此外，在完成施工图设计模型后，设计人员需要结合多专业的综合需求对构件模型进行深化设计。

3.4.2　基于 BIM 技术的装配式建筑设计方法的流程分析

通过上文分析可知传统装配式建筑设计流程和传统 BIM 技术设计过程均不适用于 BIM 技术在装配式建筑设计中的应用，为了发挥 BIM 技术在装配式建筑设计阶段的作用，需要重新布置设计流程。此设计流程共分为 4 个阶段：方案设计、预制构件库形成与完善、BIM 模型构建与优化阶段和构件深化设计，如图 3-2 所示。

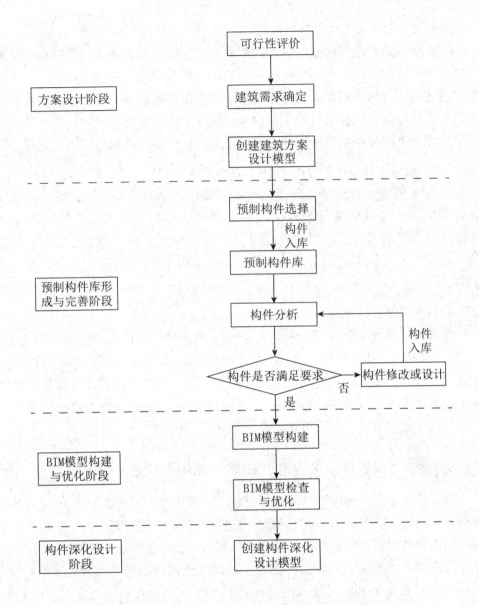

图 3-2　基于 BIM 技术的装配式建筑设计流程

1. 方案设计阶段

在方案设计阶段，设计单位的主要工作是与业主一起对装配式建筑进行可行性评价，确定装配式建筑的需求，初步确定建筑的建筑设计和结构设计。利用 BIM 技术创建方案设计模型，帮助业主更好地理解设计方案；同时，该模型将成为后续设计的依据及指导性文件。

2. 预制构件库形成与完善阶段

BIM 模型的构建和构件的生产均需要以预制构件库为基础，预制构件库的创建是设计阶段的核心工作之一。在预制构件库形成与完善阶段，设计人员根据建筑物的功能和外观需求，创建项目的预制构件库。随后，在创建初步设计模型时，设计人员可根据具体需要对预制构件库进行补充；同时，生产单位可要求设计人员调整预制构件库中难以满足工厂技术要求的构件。

3. BIM 模型构建与优化阶段

在 BIM 模型构建阶段，设计人员在方案设计模型的基础上，通过调用预制构件库中的构件创建装配式建筑的 BIM 模型，而后采用碰撞检查等方式对设计模型进行优化。在模型优化方面，利用冲突检查、三维管线综合、净高检查等 BIM 手段找出设计中存在的问题，利用协同作业优化各专业的 BIM 模型。

4. 构件深化设计阶段

在构件的深化设计阶段，构件生产商、施工单位和设计单位要加强交流，合作完成构件加工图的设计。施工单位应该将施工现场各种固定和临时设施的安装孔、吊钩的预埋预留等要求向设计单位反映，构件生产商针对自身的构件加工的技术要求向设计单位提出需求。在完成深化设计后，各专业根据各自的需求对模型进行审核，形成可供生产的深化设计模型。

3.4.3 传统设计方法与基于 BIM 技术的设计方法的比较

（1）传统装配式建筑设计的交付目标是二维图纸，因此图纸作为信息的载体在方案设计、初步设计、施工图设计和深化设计 4 个阶段传递。然而，二维图纸的绘制和识别会消耗设计人员大量的精力，而且很可能由于信息不全而造成设计失误。不同专业的设计不协调也可能导致设计出错，浪费较多的资源。而基于 BIM 技术的装配式建筑的设计目标 BIM 模型，可自动生成二维的施工图纸，减少了大量人力、物力的耗费。借助 BIM 技术搭建的平台，可实现各专业设计成果的共享和传递，有效避免"信息孤岛"。并且，BIM 技术可以通过碰撞检查、净高检查等方式协调不同专业之间的设计，提前发现设计中存在的问题，避免返工。

（2）传统装配式建筑先整体分析后拆分设计的设计思路必然会带来预制构件的种类繁多的问题，使设计的构件与工厂生产的构件不匹配，进而导致设计返工增多。而基于 BIM 技术的装配式建筑设计的核心是建立预制构件库，绝大部分构件是从预制构件库中选取的，无须自行设计，并且与工厂能够生产的构件相匹配，可以直接使用，大大提高了装配式建筑的设计和工厂的生产效率。

3.4.4　BIM 技术在装配式建筑设计中的应用点

1. 预制构件库的创建

预制构件库的创建是基于 BIM 技术的装配式建筑设计方法落实的重点，其通过提供预制构件服务于装配式建筑 BIM 模型的设计。为了发挥预制构件库的作用，其创建应包括预制构件创建与预制构件库组织管理两部分内容，主要的流程有：构件分类与选择、构件的信息创建、构件审核入库、构件库的管理，如图 3-3 所示。

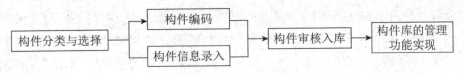

图 3-3　构件库的创建流程

（1）构件分类与选择。装配式建筑的构件在不同结构体系之间是不能通用的，因此预制构件的分类应以结构体系为基础，按照专业、结构的不同分类建立。例如，人们一般将装配式混凝土分为装配整体式框架结构、装配整体式剪力墙结构和装配整体式框架 - 剪力墙结构三类。完成构件的分类后，选择标准的、通用性强的预制构件入库，此外，入库的构件应符合装配式设计的模数要求，以保证构件的种类在合理的范围内。

（2）构件的信息创建。完成构件的分类和选择之后，需要为每个构件创建信息。首先为构件设置编码，方便计算机、设计单位和生产单位识别构件，构件的编码设置应遵循唯一性、合理性、简明性、完整性、规范性和实用性 6 大原则。BIM 技术最重要的特点是可以对工程信息进行完整描述，因此，在完成编码后需要为 BIM 构件创建信息，包括几何信息和非几何信息。几何信息包括尺寸、定位等信息，非几何信息包括材质、做法说明、载荷等信息。

（3）构件审核入库。完成构件的信息创建后，审核人员需要对构件录入的信息进行逐一检查，构件信息核对无误后才能上传至构件库。构件的信息审核包括两个方面的内容：

①检查构件的编码的准确性，是否与构件分类对应，是否与构件逐一对

应；②检查构件信息的准确性和完整性，完成构件信息审核后，就可以为构件赋予编码并保存入库。

（4）构件库的管理功能实现。为了发挥基于 BIM 技术的预制构件库的作用，必须要有合理、有效的组织，以便于构件库的使用。应对构件库的用户进行权限管理，主要包括管理人员与使用人员，管理人员具有构件入库、删除和信息修改的权限，使用人员仅能对构件进行查询和调用操作。

3.5　基于 BIM 技术的协同设计

协同设计是一种集成的设计方法，在协同学理论的指导下，借助计算机技术、网络技术等手段，通过一定的协调机制和标准，不同团队的设计人员共同完成设计任务。BIM 技术的协同设计支持不同的设计单位在同一平台上采用同一标准进行各自的设计部分，不同单位获得的信息是相同的，互相可以共享设计成果，再将设计有机结合，保证信息传递的准确性与高效性，提高工作效率。与一般建筑的设计相比，装配式建筑的设计以预制构件为核心，需要考虑与构件的结构、运输、组装相关的众多问题，从一开始就需要项目参与人员协作完成设计。装配式建筑的协同设计分为两个阶段，第一阶段先由设计团队完成总体设计（建筑设计、结构设计和设备设计），第二阶段在总体设计的基础上结合生产、运输和现场施工等因素对 BIM 模型进行拆分设计，完成构件详图设计、生产工艺设计、节点大样设计和预埋件设计。具体流程如图 3-4 所示。在装配式建筑设计时利用 BIM 技术进行协同设计，可以帮助不同团队、不同专业、不同学科的设计人员在设计时进行协调，保证构件之间的无缝隙搭接。

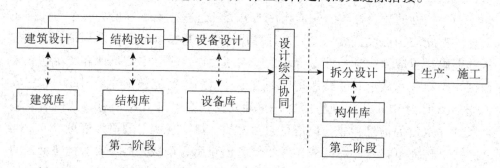

图 3-4　装配式建筑协同设计

在装配式建筑协同设计时采用 BIM 技术主要有以下作用。

3.5.1　信息共享

在利用 BIM 技术进行装配式建筑设计时，要求不同专业的设计人员在同一 BIM 平台上进行设计或将设计文件与 BIM 平台链接，以保证所有专业的设计人员、构件生产商和施工人员都能实时获得最新设计进展。同时，平台上 BIM 模型之间的信息是相互关联的，设计人员仅需对预制构件库中的信息进行修改，所有 BIM 模型的相关内容会自动更改。由此看来，在进行装配式建筑协同设计时引入 BIM 技术，可以为项目参与方提供工程的实时信息，促进信息的共享和传递的效率。

3.5.2　各专业间设计协调

BIM 平台可以整合建筑、结构、机电设备和装修专业的设计模型，实现不同专业的设计人员在同一个 BIM 设计综合模型中工作的愿望，方便各专业的设计与其他专业的设计相协调。同时，BIM 技术具有冲突检测的功能，能够智能检测设计模型中存在的"错、漏、碰、缺"的冲突，设计人员可以及时纠正设计中的冲突，真正提高装配式建筑的设计效率。

3.5.3　设计—生产—施工协调

BIM 技术为建筑的全生命周期管理提供了手段，装配式建筑的构件生产单位和施工单位在设计前期就可以介入项目，根据经验向设计单位提出各自的需求，并对设计成果进行检查，以保证 BIM 设计模型符合构件运输、生产和组装的工艺要求，在设计阶段就能发现问题并进行完善，实现装配式建筑设计环节的最优化。另外，BIM 技术具有基于 BIM 模型自动出图的功能，即使在产生了施工图后，生产单位或施工单位对工程局部进行更改，也无须手动调整相关图纸，因为修改 BIM 模型后图纸会自动更新。

3.6　工程量统计

在招投标阶段，由于时间紧张，投标方需要快速、精确地完成工程量计算，并预留一定的时间用于投标技巧的制定。传统工程量计算一般借助电子表格完成，需要耗费大量的人力物力，往往很难在规定的时间内保质保量完成，工程量清单编制已经成为招投标阶段的难点。此外，与一般的现浇建筑相比，装配式建筑工程计量需要涉及众多类型的构件，且构件的加工精度要求高，给人工编制工程量清单带来了很大的难度。因此，这些高难度工作的完成需要借助现代信息技术的支持，进一步提高工程量清单编制的效率和准确度。借助BIM 技术，在完成装配式建筑的 BIM 模型设计后，可以通过软件按照构件种类、材料、费用列项等分类，自动获取项目的工程量精确提取；同时，由于预制构件的生产是在工厂完成的，需要计算的是构件本身的工程量，可直接通过设计 BIM 模型将 BIM 技术利用在工程量的统计上。这里分成两个部分：一是对装配式项目中所有预制构件、所需部品在类别和数量上的统计；二是对每个预制构件所需的各类材料的统计，以便给构件生产商提供所需的物料清单，也使项目在设计阶段能够进行初步的概预算，实现对项目的把控，如图 3–5 所示。

构件工程量 | 做法工程量

⊙ 清单工程量 ○ 定额工程量 ☑ 显示房间、组合构件量 过滤构件类型：墙 ☑ 只显示标准层单

	分类条件								
	楼层	名称	材质	厚度	砼标号	长度(m)	墙高(m)	墙厚(m)	体积(m3)
3	第8层	Q1(双排)[200 外墙]		小计		69.4621	210	14	17.2993
4			小计			69.4621	210	14	17.2993
5		Q1(双排)-1[200 内墙]	现浇混凝土	200	C40	63.9994	138	9.2	23.35
6					小计	63.9994	138	9.2	23.35
7				小计		63.9994	138	9.2	23.35
8			小计			63.9994	138	9.2	23.35
9		Q2(双排)[250 外墙]	现浇混凝土	250	C40	1.3	3	0.25	0.0013
10					小计	1.3	3	0.25	0.0013
11				小计		1.3	3	0.25	0.0013
12			小计			1.3	3	0.25	0.0013
13		Q2(双排)-1[250 内墙]	现浇混凝土	250	C40	0.7	3	0.25	0
14					小计	0.7	3	0.25	0
15				小计		0.7	3	0.25	0
16			小计			0.7	3	0.25	0
17		小计				135.4615	354	23.7	40.6506
18	总计					135.4615	354	23.7	40.6506

图 3–5 工程量统计

3.7 BIM 技术在震后灾区居民装配式建筑设计中的应用

为解决震后灾区地形复杂、建筑建设困难的问题，BIM 技术被应用在震后灾区居民装配式建筑设计中，基于 BIM 体系框架设计震后灾区居民装配式建筑建造流程，通过设计阶段、工厂预制阶段、运输阶段以及安装阶段完成震后灾区居民装配式建筑项目的构建，采用 Revit 软件和 Tekla 软件构建装配式建

筑的建筑模型和结构模型，利用 BIM 技术的可视化、参数化以及高合作性优势，优化模型以及构件，再通过 Navisworks 软件依据建筑模型实现建筑工程的碰撞检测，减少施工过程中的变更，降低建筑工程施工成本。基于 BIM 的震后建筑进度管理模型，实现建筑的计划编制以及进度控制。利用 Lumion 软件输入工程材质，实现建筑项目的实时漫游，直观了解装配式建筑效果。我国是地震灾害频发的国家，震后灾区重建是政府极为重视的，也是保障灾区人民权益的重要体现。

近年来，我国建筑行业的发展突飞猛进，人们已经不再满足于建筑的安全性与舒适性，更加重视建筑的创新性。传统图纸已不能满足复杂的建筑项目需要，将 BIM 技术引入建筑设计中已成为目前建筑行业的重要趋势。BIM 技术是指通过 BIM 软件将建筑有关数据与信息进行三维仿真。BIM 技术广泛应用在建筑行业中，我国已经成功通过 BIM 技术完成了多项大型建筑的设计与施工。

为使震后受灾人员可以早日拥有自己的住所，震后灾区重建较重视施工的效率，然而震后灾区的地形复杂，给施工增加了一定的难度。装配式建筑是一种新兴的建筑形式，因其具有环保、高效等优点已经渐渐取代传统建筑施工方式。装配式建筑是指将建筑中预制构件加工完成后，运输至建筑场地中并进行拼装，构建完整的建筑。装配式建筑能够快速解决灾区居民的居住问题。

装配式建筑的设计过程尤为重要，在设计过程中需要考虑全面，在施工过程中出现变更会造成严重后果，装配式建筑要求施工人员具有较高的技术水平，重视整体配合。而 BIM 技术作为一种可视性软件，预制建筑构件在 BIM 软件中进行模拟可实现预制建筑构件间的完美配合，提高工程施工质量，避免施工过程中出现失误情况。将 BIM 技术应用在震后灾区居民装配式建筑设计中对于提高建筑效率与质量具有重要意义。

震后灾区居民装配式建筑设计

3.7.1　BIM 总体设计研究

基于 BIM 技术的震后灾区居民装配式建筑设计应与施工的建筑公司管理体系观念相同，装配式建筑对建筑技术性要求较高，设计时应将 BIM 技术与装配式建筑的生产流程相结合，进行合理设计。依据装配式建筑的生产流程，建筑企业功能可以分为建筑构件设计、建筑构件生产、建筑构件运输和建筑构件装配四个部分。安全是评价建筑性能的重要指标，质量管理在建筑施工过程中占有重要地位，为实现 BIM 技术与震后灾区居民装配式建筑的良好结合，需要有可供 BIM 技术良好发挥的网络系统与数据库系统。

基于 BIM 技术的震后灾区居民装配式建筑系统，按照系统功能可分为分系统与支撑系统。其中分系统包含建筑设计系统、质量控制系统、预制生产系统以及物流保障系统；支撑系统主要包括工程数据管理系统以及计算机网络系统。其整体体系框架图如图 3-6 所示。

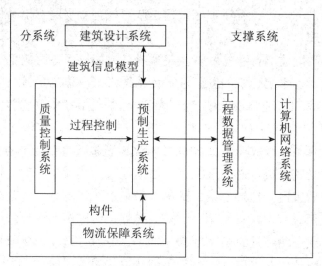

图 3-6　BIM 体系框架

基于 BIM 技术的震后灾区居民装配式建筑建造流程可通过优化 BIM 体系框架获取，具体建造流程图如图 3-7 所示。

从图 3-7 基于 BIM 的装配式建筑建造流程可以看出，通过设计阶段、工厂预制阶段、运输阶段以及安装阶段，实现震后灾区居民装配式建筑项目的构建。在招投标完成后，项目通过 BIM 建筑设计系统对建筑项目进行设计与计算机仿真，对仿真后的最终构件进行生产、运输与装配，实现装配式建筑的构建。

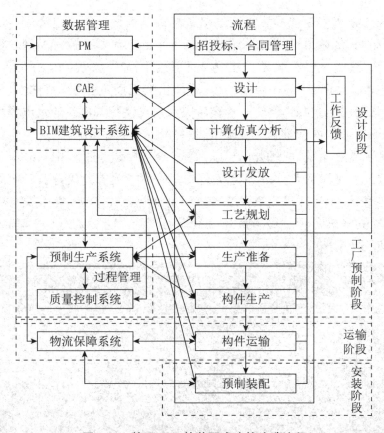

图 3-7　基于 BIM 的装配式建筑建造流程

3.7.2　建筑模型创建

　　BIM 技术应用于装配式建筑的软件主要有 Revit 软件、Sketchup 软件、Bentley 软件等。建模软件的最优适用范围见表 3-1。

表 3-1　BIM 软件适用范围

BIM 软件适用范围
Revit 民用建筑模型
Rhinoceros 复杂异形建筑模型
Bentley 工业建筑模型、基础设施模型
Sketchup 建筑规划模型
Tekla 民用建筑模型

　　将 BIM 技术应用在震后灾区居民装配式建筑设计中，建模人员需要确定建筑建模的 BIM 软件，才能继续开展接下来的工作。通过对多种软件进行不同对比后，建模人员选取真实性较高且适用于民用建筑的 Revit 软件和 Tekla 软件。建模人员利用 RevitArehiteciu 软件构建震后灾区居民装配式建筑的建筑模型，利用 RevitMEP 软件构建震后灾区居民装配式建筑的水电模型，采用 TeklaSixuciures 软件构建震后灾区居民装配式建筑的结构模型。为保证震后灾区居民装配式建筑构建的标准化，在进行 BIM 建模过程中，建模人员需要将所有构件实施参数化处理。建模人员在通过各软件完成各项专业的模型构建后，利用 Revit 软件将建筑模型与水、电模型变换成 IFC 格式文件，传送至 Tekla Simctures 软件中，输出最终 BIM 建筑模型。图 3-8 为 Revit 模型转化为 Tekla 模型输出结果。

图 3-8　Revit 模型转化为 Tekla 模型

　　由于装配式建筑需要预先加工预制构件再进行拼装，因此模型中的构件参数是震后灾区居民装配式建筑设计最重要的一步。建筑中所有的构件设计均通过参数决定，参数间具有相关性，任何参数改变时，所有相关参数都要随之改变。施工前，设计人员可以通过 BIM 模型进行模拟，施工中发现困难时也可以通过 BIM 模型模拟分析，寻找解决途径。

3.7.3　模型深化

装配式建筑的设计需要建筑、结构、水、电各专业的配合，对协作程度以及精细化程度要求较高，并且由于装配式建筑需要在施工前完成所有构件生产，对构件生产规格要求较高，注重每一细节的成本控制。BIM 技术具有可视化、参数化以及高合作性的优点，适用于装配式建筑，可满足装配式建筑拆分构件、组合构件、修改参数等需要。

将工程的楼层标高、墙板与楼板厚度、门窗洞口标高等各项建筑参数输入软件，即可呈现立体的三维模型。图 3-9 为 BIM 软件所设计的欧式建筑三维模型。

图 3-9　欧式建筑三维模型

3.7.4　构件优化

拆分 BIM 三维建筑模型时，通过机电管线综合布局、钢筋深化、运输等方向优化预制构件，具体优化步骤主要包括以下几个方面。

管线优化。利用 BIM 技术定位机电以及给排水管线，在相关位置上预留水、电穿线的孔洞。装配式建筑安装过程过于复杂，各专业管路众多，水、电两个专业的设计需要分开进行。因此设计过程中容易发生碰撞，水、电管线发生碰撞引起布置不当，会造成材料浪费、影响安装、加长工期等后果。在水、电的设计过程中需要两个专业进行配合。BIM 模型中的管线优化可解决这一难题，将建筑模型与水、电各专业模型在 BIM 软件中整合，碰撞信息在模型中可清晰显示，依据各专业相关规范对碰撞管路进行调整，使各专业完美配合。在建筑设计时应周全考虑各管路的规格和型号，保证预留孔洞的准确度，避免施工时出现问题。

连接方式优化。选取标准化方法，设计相关构件的连接方式。通常情况下，装配式建筑的预制外墙竖向连接部位为高低缝形式，可选取预埋套管灌浆方式进行连接。选取支承滑动铰制作方式，连接装配式建筑的预制楼梯与平台间的水平部位。

钢筋优化。安装装配式建筑的预制构件过程中，利用 BIM 技术对装配式建筑的预制构件、构件吊装以及现场布置等信息进行三维整合，可极大提高装配式建筑的安装效率。BIM 平台具有钢筋碰撞检测功能，能够提前检测出预制钢筋碰撞。在安装前，先在三维模型中进行模拟安装，解决钢筋碰撞问题，依据模拟软件中的最优钢筋安装数量以及位置信息进行实际现场安装，提高安装速度，并保证安装质量。

3.7.5　碰撞检测

BIM 相关软件一般都具有检测碰撞功能。Navisworks 软件检测碰撞性能较高，不仅可以准确检测碰撞点所在位置，还可直观反映产生碰撞的具体原因。因此本书选取 Navisworks 软件，依据 3.7.2 小节构建的建筑模型和结构模型进行装配式建筑工程的碰撞检测。

震后灾区居民装配式建筑的信息模型不仅包括建筑、结构等专业信息，还包括水暖、机电等专业的管线信息，因此模型中包含大量构件数据信息。同时检测整个模型的碰撞信息会加大检测与修改难度，容易出现漏检情况，可在碰撞检测时以楼层为单元分别进行检测。图 3-10 为某工程以楼层为单位进行碰撞检测的结果。

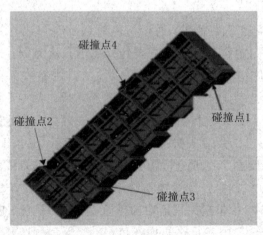

图 3-10　楼层碰撞检测情况

Navisworks 软件在完成碰撞检测时将检测结果展示至结果输出框，点击选取的碰撞点，软件会展示碰撞点位置信息以及碰撞原因，碰撞检测结果会以图片或者表格的形式输出。输出的图片或表格形式的碰撞检测结果需经技术人员检查，并判断其是否真实存在。若真实存在，技术人员依据不同专业碰撞信息将碰撞报告发送至各专业设计人员。设计者依据碰撞信息对建筑模型碰撞部位进行修改。修改碰撞节点的过程也是再次优化模型的过程。修改结束时，需要再次导入 Navisworks 软件，进行新的碰撞检测，碰撞检测结果为 0 时代表所设计装配式建筑无碰撞问题，此时结束碰撞检测。碰撞检测过程为施工过程提供了有力依据，减少施工过程中的变更，降低建筑工程施工成本，提升工程的施工进度。

3.7.6　震后灾区建筑进度管理模型

震后灾区居民装配式建筑需要考虑灾民的住处问题，因此工程进度是需要重视的部分。将 BIM 技术和精益管理理念相结合，通过挣值分析方法计算施工计划成本与实际成本，利用计算结果改进震后灾区建筑进度管理模型。基于 BIM 的震后灾区建筑进度管理模型如图 3-11 所示，该模型将施工计划与施工方案通过 BIM 平台进行相关模拟，通过 BIM 平台对建筑进度进行相关管理。

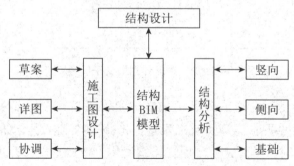

图 3-11　基于 BIM 的震后建筑进度

基于 BIM 的震后建筑进度管理模型，管理模型主要可分为施工计划编制、施工进度模拟和施工计划实施三部分。以上三个部分组成的结构链为进度管理模型的核心部分。相关人员通过 BIM 平台的可视化功能模拟施工过程，获取施工进度并进行评估，利用评估结果优化需改进部分，依据编制的施工计划安排建筑施工的各项工作，并将施工进度实时上传至震后建筑进度管理模型，有助于建筑后续施工的安排。震后灾区建筑进度管理模型包含进度计划编制与进度控制两个子模型。

1.进度计划编制子模型

一个建筑工程的完成需要众多部门共同合作，每一个专业与部门都是建筑工程中不可缺少的一部分。在本书设计的进度计划编制子模型中，为保证装配式建筑的顺利建成，我们将震后建筑施工计划编制人员和建筑施工人员组成一个互相沟通与协作的团队。进度计划编制子模型如图 3-12 所示。

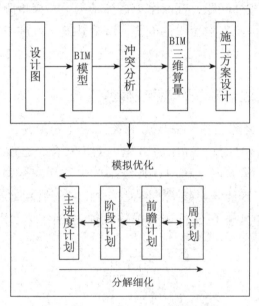

图 3-12　进度计划编制子模型

通过装配式建筑的施工图建立 BIM 建筑模型后，在保证建筑模型不存在碰撞后，通过 BIM 平台运算建筑工程量，将获取的工程量与建筑要求相结合，制订建筑进度计划。震后灾区装配式建筑的施工特点与规律通过精益管理中的 LPS 原理进行分析，最终将建筑施工进度分为里程碑阶段、前瞻阶段与周计划。实际装配式建筑依据施工过程中的施工意见以及工程材料的使用情况优化周计划。

2.进度控制子模型

震后灾区居民装配式建筑施工进度控制受众多因素影响，为保证建筑施工进度高效进行，需要经常检测施工过程中存在的问题并及时进行解决。建筑进度控制子模型如图 3-13 所示。以周计划为实施单元，包括虚拟施工和现场施工两部分，虚拟施工为利用 BIM 技术模拟三维施工状态，并在 BIM 模型中模拟后续施工进度，BIM 建筑模型可以将施工进度时间信息与施工过程相连接，有效地实现虚拟施工。现场施工以制订进度计划为开始，依次进行精益采购、材料供应、精益施工直至施工完成。虚拟施工过程不仅可以实现整个施工过程的模拟与监督，也可以模拟一些复杂的施工方案，在 BIM 平台中记录复杂施工方案模拟过程的数据，在实际施工中按照模拟的工程数据信息进行施工，节约了施工成本以及施工时间。选取精益管理方法，通过精益采购与精益供应提高建筑质量，节省建筑成本，完成建筑进度与施工质量以及造价的最优化。通过 BIM 平台查看与精益管理相结合的虚拟施工过程，若遇见问题，则在提出解决方案后在 BIM 平台中进行实时更新，依据最优解决方案进行施工，提高施工效率。

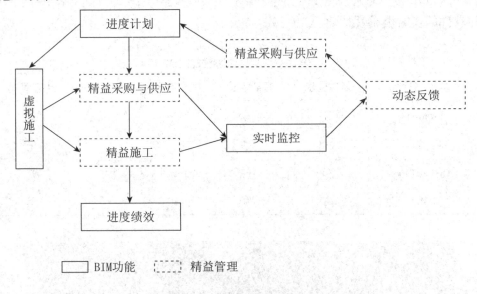

图 3-13　进度控制子模型

3.7.7　图纸问题梳理及施工图纸交底

通过 BIM 软件对灾区居民装配式建筑建模的过程实际上也是对图纸进行再次检查，一些细微、不容易发现的问题在建模过程中可以清晰地展现出来，提前发现图纸中存在的问题，可避免施工过程中出现停工现象，节约建筑成本，增加现场施工效率。BIM 技术可实现装配式建筑的图纸交底，在建模过程中将图纸存在的问题汇总后与设计人员进行沟通，由建筑设计人员答疑问题。

一些难以解决的问题在 BIM 平台三维模型中进行模拟，寻找最优解决办法，施工技术人员通过可视化模拟更加了解施工过程与建筑细节，为建筑施工现场提供方便。传统建筑方式需要建筑项目部工程人员依据图纸的具体位置到现场对应的位置进行检查与沟通，浪费建筑人员的大量时间并且无法以整体建筑布局的角度解决问题。而 BIM 模型通过 BIM 平台模拟建筑的所有部位，从整体角度看待问题与解决问题，使整体建筑保持统一，并且可将装修材料与效果考虑进模型内，减少后续因装修而造成的大面积改动等问题。

3.7.8　实时漫游

在建筑设计结束后，将所有构件材质输入 BIM 最终信息模型中，通过动画模式展示建筑总体信息的过程即是建筑实时漫游（图 3-14）。表 3-2 为各种软件的实时漫游性能对比。

表 3-2　软件漫游性能对比

软件名称	硬件要求	渲染效果	操作难度	渲染时间	动态模型
Lumion	较低	清晰	简单	短	有
Sketchup	较低	一般	简单	短	无
Navisworks	较低	一般	简单	短	无
3DMax	高	清晰	困难	长	无

图 3-14　BIM 建筑模型漫游效果图

通过表 3-2 中不同软件的漫游性能对比可以看出 Lumion 软件不仅操作方便，并且对电脑硬件要求较低，漫游渲染效果好，具有动态模型，因此选取 Lumion 软件实施 BIM 建筑模型的实时漫游。利用 Lumion 软件实时漫游，需要先将 Revit 软件的 .fbx 格式 BIM 建筑模型文件导入 Lumion 软件内，通过 Lumion 软件中的材质库对 BIM 建筑模型进行修改或添加材质，添加或修改材质结束后制作 BIM 建筑模型的漫游动画，完成 BIM 建筑模型的实时漫游。图 3-14 为添加材质后的 BIM 建筑模型漫游效果图。

3.7.9　质量安全管理

质量问题是建筑中最重要的问题，安全问题重于泰山。在现场施工过程中，巡视人员检查出与安全或质量有关的问题，利用拍照设备留底并存档。调取 BIM 平台中 BIM 建筑模型的对应位置信息，对模型进行模拟整改，优化至最佳结果后将问题照片、问题描述、位置信息以及优化方法发送至现场的有关负责人的邮件中。相关负责人在规定时间内快速进行整改，高效处理质量安全问题。

有关管理人员应将施工过程中出现的所有质量与安全问题进行统计与汇总，依据问题类别，通过 BIM 技术进行分类统计和分析，找出出现质量与安全问题的具体原因。针对问题原因提出预防措施并实际应用至建筑施工中，避免再次发生类似的安全与质量问题；也可通过 BIM 系统对各专业人员实施专项问题交底，以保障震后灾区居民装配式建筑工程在确保工程质量以及安全生产的前提下顺利完成。

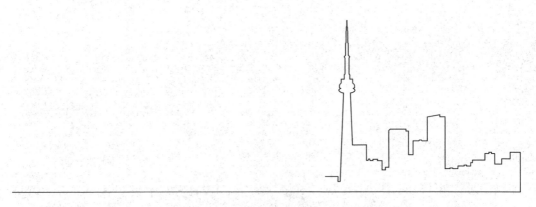

第 4 章　BIM 技术在装配式建筑施工中的应用

4.1　BIM 技术对于构件预制的把控

4.1.1　构件生产的精准度

一个工程在其建设过程中，会受到方方面面因素的影响，其中最重要的一个因素，是建筑构件的精准度。在工程进行过程中所涉及的构件，不论多么微小，都应当保证其精准度，否则整个建筑都有可能因为这么一个看似微不足道的小构件而受到影响。在进行装配工程时，工作人员应当与相关部门进行探讨，将可能出现的意外情况全部包含在内，而后对每一个构件进行详尽的设计，并监督其生产过程。在生产的第一线，一定要保证构件的精准度足够高，以避免在后期建设过程中出现材料浪费的现象。而利用 BIM 技术，则能够有效地提高构件的精准度，提高建设效率，有效解决这些在拼装式建筑中常见的问题。

4.1.2　构件的运输

在运输构件的时候，相关工作者也应当加强对构件的监督与管理。相关参与人员应当对各种突发状况进行探讨，并严格控制运输路途的长短以及运输过程中所耗费的时间，以求能够对各种可能在运输过程中发生的事件制定具有针对性的解决方案。例如，如果在运输构件时出现堵车等情况时，运输人员首先要对本路路况进行了解，并快速了解周边其他路径的路况，再三对比之后选择一条最佳路线，防止发生超时送达指定场所的事情发生。对于大件物品以及易碎构件的运输，运输人员应当首先保证构件的安全，对构件进行适当的安全防护措施。在开始运输之前，相关人员可以利用 BIM 技术对整个过程进行详尽的模拟，以求能够安全送达目的地。

4.1.3　构件的库存管理

在构件被送到指定地点之后，对构件的管理是否合理与安全，也是现在相关管理人员所关心与重视的一个问题。现在，相关工作人员已经能够较为熟练地在对拼装式建筑的构件进行管理时使用 BIM 技术，通过 BIM 技术的模拟，来对构件的行程进行规划，并有效解决了在对构件进行管理过程中可能会遇到的各种突发事件。因此，BIM 技术在一定程度上为工程节约了成本，并有效避免了浪费现象的发生。

4.2 施工过程的管理把控

4.2.1 构配件的生产和应用过程引起注视

在进行装配式建筑工程时，相关部门应当提高对构配件质量的重视程度。很多装配式建筑工程都因为相关部门忽视了构配件的质量，造成构配件在运输过程中受到了损伤，无法在实际建筑中发挥其本来的作用。而在生产构配件时，应当在最大程度上发挥原材料的作用，提高其利用率，减少浪费。构件在实际被应用的过程，也同样应当受到工程管理人员的关注。

4.2.2 在施工前进行充分的准备

作为新兴产业，装配式建筑的发展十分迅速。而我国装配式建筑的设备水平远远落后于该行业的发展速度，因此便出现了需求与供给上的不平衡。工程对设备的要求非常高，对精度的要求也非常高，但是实际工作设备却难以达到工程所规定的要求。因此，在开始工程之前，相关人员一定要提前做好测量与规划工作，以弥补设备上的不足。

4.2.3 对人才进行培养

任何工程的进行，都需要有相应的人才作为建设的保障。对装配式建筑这一新兴产业而言也同样是如此。因此，相关管理人员应当重视对人才的培养。只有在保障工程参与人员整体素质的情况下，才能够有效减少因为人为因素而为工程带来的问题。相关部门也应当加强对人才的管理，一是留住已经培养好的人才，二是发掘有潜力的员工并对其进行培养，从参与人员素质方面来保证工程质量。

4.3　BIM 技术在国内建设项目中的应用

苑晨丹等把 BIM 技术的发展划分为用于设计、建模中的造价算量、碰撞检测的初级阶段，用于设计、施工一体化中的管理、运维的中级阶段及对智慧城市的建设和运维等智慧应用的高级阶段。BIM 技术在我国建设项目全寿命周期的应用情况如下。

项目概念：项目选址分析、可视化展示等；

勘察测绘阶段：地形测绘、地形测绘可视化模拟、地质参数化分析、方案设计等；

项目设计阶段：施工图设计、多专业设计协同、参数化设计、日照能耗分析、管线优化、结构分析、风向分析、环境分析、碰撞分析等；

招投标阶段：造价分析、绿色节能、方案展示、漫游模拟等；

施工建设阶段：施工模拟、方案优化、施工安全、进度控制、实时反馈、场地布局规划、建筑垃圾处理等；

项目运营阶段：智能建筑设施、大数据分析、物流管理、智慧城市、云平台存储等；

项目维护阶段：3D 点云、维修检测、清理修整、火灾逃生等；

项目更新阶段：方案优化、结构分析、成品展示等；

项目拆除阶段：爆破模拟、废弃物处理、环境绿化、废弃物运输处理等。

我国已经从初步了解 BIM 技术阶段发展到系统应用 BIM 技术的阶段。中国房地产业协会商业地产专业委员会、中国建筑业协会工程建设质量管理分会等主持发布了《中国工程建设 BIM 应用研究报告 2011》（以下简称《报告》）该《报告》对 136 份有效调查问卷进行了数据分析，在调查群体中，87% 的单位都听说过 BIM，其中，施工单位和设计单位均占全部调查群体的 36%，受访者做过的 BIM 应用主要集中在设计阶段、项目施工招标阶段、项目施工阶段，在大多数一线城市单位中普及度更高，大多数单位认同 BIM 在施工过程中的管理和成本控制力度更大。这一《报告》让人们更加清楚地了解到中国工程建设行业各参与方对 BIM 在建设项目全寿命周期不同阶段应用价值的认识和应用现状，为 BIM 在我国的广泛普及提供了参考。

4.4 BIM 技术在国内的应用案例

BIM 技术在国内的部分应用案例见表 4-1 所列。由表 4-1 可见,随着科技的不断发展,相关科研机构和各部门已在着手研究 BIM 技术并进行应用。BIM 技术主要应用于我国大中型项目中,且三维建模、碰撞检测、模拟施工、三维渲染、管线优化等应用较为普遍。利用 BIM 三维建模可使识图误差大幅度降低,利用 BIM 技术的三维可视化功能在项目前期进行碰撞检测,可使空间关系的冲突得到解决,减少可能出现的错误和返工,并对净空和管线排布方案进行优化。碰撞检测后的方案为项目施工人员进行施工交底、施工模拟等工作创造了条件,使项目施工人员既能与业主高效沟通,又能提高项目施工质量。有效协同三维可视化在功能基础上与时间维度相结合,可以进行进度模拟施工,不受场地的限制,将施工进度计划与实际施工进度进行对比的同时实现有效协同。施工方、监理方、业主都能及时掌握工程项目的各种问题和突发情况。因此,施工方案、施工模拟和现场视频监测与 BIM 技术的结合,使建筑质量问题、安全问题得以大幅度减少,避免了返工和整改。把建筑信息模型用作二次渲染开发的模型基础,三维渲染效果的精度和效率大幅度提高,通过对现实的模拟让业主身临其境,从而使中标概率得以提升。

表 4-1 BIM 技术在国内的应用案例

项目名称	应用过程	应用效果
国家会展中心项目	三维建模、碰撞检测、多专业设计协同、管线优化	解决施工矛盾,消除隐患,避免了返工、修正
老港再生能源利用中心项目	三维建模、碰撞检测、系统调试	节约成本数千万,实现节能减排、绿色环保的成效
广州周大福金融中心(东塔)项目	三维建模、多专业设计协同、施工模拟	节约成本、提升管理、提升技术、积累数据、提升品牌
天津 117 大厦项目	三维建模、多专业设计协同、进度控制、造价分析、图纸管理	节约成本、提升管理、标准建设
上海迪士尼度假区项目	三维建模、模拟施工、方案展示、漫游模拟	提高了模型的精度与设计的吻合度,推动设计和施工阶段效率最大化

项目名称	应用过程	应用效果
国家会展 中心项目	三维建模、碰撞检测、多专业设计协同、管线优化	解决施工矛盾，消除隐患，避免了返工、修正
苏州中南 中心项目	三维建模、协同应用	解决跨区域跨团队协同、数据安全问题，提高图纸管理效率
珠江歌 剧院项目	三维建模、参数化设计、结构设计、碰撞分析、多专业设计协同、视线分析、管线优化	提升设计效率、避免失误与返工、减少工作量、提高工作效率
上海北外滩白玉兰 广场项目	三维建模、绿色节能、结构设计	提高施工效率、节约钢材、实现装备的重复利用
北京城市 副中心项目	三维建模、图纸会审、深化设计、碰撞检查、三维场布、施工方案模拟、进度管控、自动排砖、进度报量、资料协同、质量安全管控、智慧工程管理平台	目前，运用 BIM 技术后综合效果比目标值提高了约 5%，创造了结构施工的时效纪录，累计节约成本近300 万元
张北庙滩阿里巴巴 云数据中心 机电项目	三维建模、碰撞检测、管线优化、成本管控	提高施工质量、保证施工进度、控制施工成本、提升施工效率及管理水平
上海佘山世贸 深坑酒店	三维激光扫描，放线机器人，模型整合、协调，方案优化，节点优化，设计验证，协同平台	提高施工方案的科学性、提高施工质量、避免返工、提高工作效率、提高资料查询效率、强化质量成本管控、提高生产效率、材料管理精细化
上海新华红星国际 广场项目	三维建模、碰撞检查、施工模拟、施工交底	提高施工质量、避免返工、保证施工进度、提高工作效率
巴南三甲医院项目	三维建模、协同施工、造价管理、虚拟建造、绿色节能	提升施工效率、有效控制成本、促进沟通协调、全面整合信息
西十冬奥广场项目	激光扫描、协同管理、管线优化、三维场布、绿色节能	取得土地开发类最高奖——优胜奖

4.5   BIM 技术在应用中遇到的障碍

我国 BIM 技术的参与方主要有业主、设计院、施工企业、咨询单位、高等院校和政府。

4.5.1   业主方

自从 BIM 在我国推行应用以来，业主方逐渐重视 BIM 技术。然而，一方面，由于业主自身对 BIM 的研究不是很充分，对一些 BIM 厂商（BIM 软件开发者）的宣传过分相信；另一方面，业主易受到 BIM 咨询方（提供 BIM 设计、BIM 培训、BIM 咨询、BIM 运维及基于 BIM 技术的全过程造价咨询服务者）的误导，如选用解决方案不当、实施策略不当，造成成效有限。此外，业主方 BIM 应用的成功案例尚不多见，导致其对 BIM 技术的了解甚微，甚至可能对 BIM 存在一些偏见。杨冬梅等基于现阶段国内业主方 BIM 技术的应用情况，将 BIM 技术分为通过咨询第三方应用和自主应用两种模式，指出了管理层认知不清、相关技术人员经验不足、软硬件要求高、人才匮乏、应用成本高是 BIM 技术应用在业主方遇到的障碍。

4.5.2   设计院

设计院应用 BIM 时往往是在传统设计流程后加入 Revit 建模，这种建模的主要目的是检查前一阶段所犯的错误，再进行一些光照能耗或者展示性的优化。在这样的流程下，BIM 技术对概念设计、曲面变更等几乎没有产生影响。设计院对 BIM 的应用还集中在三维建模、光照能耗、图纸优化上，这仅仅应用了 BIM 很小部分的功能，而对 BIM 技术更强大的功能如绿色能耗分析等却并未真正投入应用。任爱珠认为 BIM 技术在我国设计院推行动力不足的原因主要有以下 4 点：

（1）BIM 技术需要建立新的工作模式，对于设计院来说，刚接触 BIM 时遇到的问题较多，使得设计效率降低；

（2）需要培训更多具有复合型知识的人才；

（3）BIM 平台提供给设计院的标准族库有限，没有成熟的适用于设计阶段的 BIM 软件；

（4）软件之间的数据共享还存在问题。何关培认为设计院应用 BIM 的主要困惑来自收益。为使用 BIM 软件，设计院投入了大量的物力、人力、财力，但收益回收渠道不明确等是 BIM 在设计院推广困难的原因。

4.5.3　施工单位

目前，我国施工企业 BIM 应用集中在招投标阶段和机电管线安装前。在招投标阶段，施工方会做一个包含三维建模、碰撞检测、造价算量、虚拟漫游等的 BIM 技术方案。在机电管线安装前，施工企业主要应用 BIM 来进行碰撞算量和造价算量。郗恩田等把建筑施工企业 BIM 应用的影响因素作为研究对象，通过对应用点的分析，得出了影响建筑施工企业 BIM 应用的主要因素：一是技术，二是法律法规，同时也受成本和人员方面制约的结论。

4.5.4　咨询单位

近年来，我国咨询单位如雨后春笋一般，发展数量和速度都有明显提升，对此，可将咨询单位进行简单分类：平台类咨询机构和非平台类咨询机构。平台类咨询机构比较典型的代表有斯维尔、广联达、鲁班等，这类公司都是自己开发软件或者搭建平台。非平台类咨询公司则是以 BIM 建立三维模型 + 相关展示 + 对企业进行相关培训为主。这两类公司相比较，平台类咨询公司的发展相对顺利，而非平台类咨询公司会受到技术深度和软件应用的限制。

4.5.5　高等院校

据有关统计，目前清华大学、同济大学、华中科技大学、天津大学、重庆大学 5 所高校对国内的 BIM 科研贡献率最高。其他高校也有开展与 BIM 相关的科研工作，然而，在教学层面上，很多高校对 BIM 教学存在误解，仅仅把 BIM 作为进行建模和管线碰撞工作的工具，忽视了 BIM 与计算机的结合，导致 BIM 软件不能很好地进行二次开发。这也一定程度地阻碍了 BIM 的发展。

4.5.6　政府

从政府方面进行分析，一方面，由于我国的 BIM 技术发展起步较晚，目前我国还没有关于以 BIM 指导施工的完善的标准体系，很多地方政府的标准规范甚至直接照搬住建部的文件，没有与本地的实际情况结合起来。另一方面，相对于其他信息化产业的传播强度，政府对 BIM 技术的整体规划宣传还比较薄弱。

综上所述，BIM 技术在我国运用与推广中存在如下障碍：国产软件体系不健全、BIM 标准缺失、高等院校推广教育不够、各阶段需要重复建模、BIM 自身技术缺陷、分工协调问题、设计周期问题、资金投入问题、人才培养问题、BIM 技术支持不到位、软件兼容问题、企业领导的认知问题、软件本身应用问题、项目适配问题等。

4.6 装配式建筑在施工阶段的管理目标

传统的建设项目管理中，成本、进度和质量被认为是项目的三大主要目标，能够决定整个项目的综合效益。与现浇建筑相比，装配式建筑对工艺和技术的要求更高，具体的施工流程还处于不太完善的阶段，稍有不慎就可能出现质量、进度和成本方面的问题。同时，成本、进度和质量三者之间是既对立又统一的复杂关系，管理人员必须在施工管理时重点考虑和协调三者之间的关系，以保证项目能够同时实现成本低、进度快、质量好三个目标。针对这种情况，在装配式建筑的施工管理时我们必须要做好三大目标的管理工作，保证装配式建筑工程能够同时满足成本、进度和质量三大目标，从而实现项目的综合效益。

4.6.1 装配式建筑在施工阶段的质量管理

随着装配式建筑在我国的蓬勃发展，我国学者把目光投向了装配式建筑的施工质量管理，针对装配式建筑施工中存在的质量问题的影响因素展开了研究（表 4-2），因此可以发现，在装配式建筑施工时，人员、机械、材料和方法是导致装配式建筑出现施工质量问题的主要因素。

（1）人员因素：由于施工人员缺乏构件组装的专业技能，不重视构件的质量问题，导致构件安装精度不满足要求；

（2）机械因素：在坐浆、灌浆、注浆套筒和构件安装时，由于机械操作问题，出现质量问题；

（3）材料因素：预制构件存在质量问题；

（4）方法：现有的坐浆工艺、构件安装工艺等有待改善；

（5）环境：现场的自然环境、施工作业环境影响建筑的质量。

表 4-2　装配式建筑的施工质量问题

代表人物	施工质量影响因素
袁林	人员、机械、物料、工艺、环境、标准
常春光等	配件供应、施工准备、人员与机械操作
苏杨月等	人员、机械、物料、方法和环境
Chai 等	人员、材料、机械

因此，装配式建筑施工质量管理的重点是针对质量影响因素采取质量控制措施。

（1）针对人员和机械因素的措施。为了确保工作人员在装配式建筑现场组装时遵循要求，需要在项目实施前制定项目的人员和机械管理办法，并对施工人员进行专业培训，避免由于施工人员对操作工艺不清带来的质量问题。此外，对于施工时采用的机械，需要派专人进行定期检测维护。

（2）针对材料因素的措施。装配式建筑构件的质量，将直接影响装配式建筑的质量。在项目的构配件运送至施工现场时，施工方需要检查构件的质量情况，并选择合适的场地安放构配件，由专人负责管理。构件的损坏应由相应责任方负责赔偿，因此在构配件安装吊装时，要留意构件是否出现损坏。

（3）针对方法因素的措施。虽然装配式建筑的工艺还有待完善，但是现有的工艺也能保证建筑的质量要求。在施工前，施工单位应借鉴已有的施工经验，针对项目的特点，选择合适的施工方法，编制本项目的施工工艺标准。

BIM 技术已经被广泛应用于现浇混凝土建筑的施工质量管理中，BIM 技术与装配式建筑都是基于构件的体系，BIM 技术的管理思想正好与装配式建筑相契合，将 BIM 技术融入装配式建筑的质量管理，能够提高装配式建筑的质量管理水平。第一，BIM 技术能够提升质量管理的效率。BIM 技术提供的设计成果是三维的建筑模型，相比二维图纸而言，施工人员更容易获取构件的安装信息，提高图纸读取的准确度和效率。同时，BIM 技术为设计单位、构件生产商和施工单位提供了信息传递的平台，当施工单位发现构件的质量问题后可快速与其他两个单位沟通。第二，BIM 技术可以明确各方责任。将 BIM 技术和RFID 技术结合，可以实现构配件的追踪、记录和分析，及时发现构配件的破损问题并找出相应的责任方。第三，可以对现场质量实时控制。当现场出现质量问题后，管理人员可以将记录上传至 BIM 模型，其他管理人员可以实时掌握现场的最新情况，做到对重大质量问题的规避。

4.6.2 装配式建筑在施工阶段的进度管理

工程进度管理是指根据建设项目各阶段的工作内容、持续时间、工作流程等实际情况和工期目标编制进度计划，并保证项目按照进度计划执行。进度管理不是简单地实现工期目标，而是必须将质量目标和费用目标统筹考虑，如在编制进度计划时考虑材料、劳动力、成本等众多因素。装配式建筑项目的施工需要以进度计划为依据，将实际情况与进度计划进行对比，分析偏差产生的原因并采取补救措施，保证项目进度满足建设工期要求。

1.传统装配式建筑的进度管理

装配式建筑的进度管理分为进度计划编制和进度计划控制两部分内容。与常规项目不同，装配式建筑主体结构施工时还需要编制构件的安装计划，分为单位工程构件安装计划和楼层构件安装计划，并将计划与构件生产计划进行对接，以保证构件的生产进度满足现场的组装要求。装配式建筑的施工进度计划编制需要考虑合同进度要求、设计图纸、工序间的逻辑关系、资源等众多因素，以保证进度计划的科学性和合理性。施工进度计划的编制通常采用横道图法和网络计划图法两种方法。横道图法又称甘特图法，进度计划以带有时间坐标的表格的形式呈现，各横向线段代表不同工作的持续时间、起止时间以及先后顺序。横道图虽然简单易于理解，但是它无法表示进度计划中的关键工作和非关键工作，这就很难对进度计划进行调整。网络计划图是由节点和带箭头的直线（箭线）构成的，用来表现项目的计划任务、任务的持续时间以及任务之间的逻辑关系。网络计划图有两种形式，单代号网络计划图和双代号网络图。在单代号网络图中，节点代表某一项任务，箭线代表工作之间的逻辑关系；在双代号网络图中，节点表示工作的开始或结束，箭线表示任务和工作的持续时间。与横道图相比，网络计划图反映施工的关键路线和关键工作，有助于管理者对进度计划进行调整和优化。

2.基于 BIM 技术的装配式建筑进度管理

在装配式建筑的进度管理中引入 BIM 技术，结合 BIM 技术的仿真性、协调性和信息完备性等众多优势，改变装配式建筑中进度管理的方法，创新基于 BIM 技术的装配式建筑进度管理方法，提高进度管理的效率。基于 BIM 技术的装配式建筑进度管理是在设计单位交付的施工模型的基础上，开展进度计划编制、进度计划模拟、跟踪记录实际进度、进度计划调整等工作，如图 4-1 所示。

在传统的进度管理中，进度计划的编制和控制主要依靠人力为主，缺乏科学有效的控制手段，难免会出现进度计划编制不合理、进度调整不及时等状况，导致工期的延误和成本的增加。而在进度管理中引入 BIM 技术，借助计算机来完成施工进度计划的模拟、检查和监控，提前发现施工中存在的风险，达到项目进度管理的目标。

基于 BIM 技术的进度管理可以实现工程量的自动统计，确定人、材、机的消耗量，用于辅助进度计划的编制，提高进度计划编制的准确性和效率。完成进度计划的初步编制后，利用 BIM 软件的施工模拟功能，对进度计划的合理性进行检查，优化进度计划。在施工过程中，通过扫描预先附着于构件中的标签，可以将实际进度和 BIM 模型匹配起来，生成实际进度与目标值的对比文件，实时比较实际进度和目标值，及时调整偏差。

图 4-1　施工进度模拟

4.6.3　装配式建筑在施工阶段的成本管理

建设项目的成本管理是指在确保合同中各项条件达成的前提下，通过组织、经济、技术和合同 4 种措施确保项目实施过程中产生的费用符合目标要求，并进一步寻求最低成本花费的一种科学管理活动。由于装配式建筑的建设成本普遍高于现浇建筑，开发商在采用装配式建筑时会特别关注成本因素，施工阶段持续时间长、发生费用多，因此施工阶段的成本管理尤为重要。

装配建筑施工阶段的成本与现浇建筑相同，由人工费、材料费、施工机械使用费、措施费、企业管理费、规费和税金组成，但是不同费用在总建安费用中所占比例有所不同，见表 4-3 所列。构配件是装配式建筑施工时采用的主要材料，目前预制构件最终的落地价格构成的子目众多，如图 4-2 所示，导致了装配式建筑的材料费用占比高于现浇建筑。而对于人工费，装配式建筑主要采用的施工方式为现场组装，所需要的工人较少，人工费用较低。

装配式建筑施工阶段成本管理的基本内容包括成本预算、成本计划的编制和成本跟踪与控制。在施工准备阶段，施工单位根据工程量计算、资源计划和资金计划计算项目的预测成本，制订项目的成本计划（包括成本管理和控制规划）。在项目执行过程中，依据制订的成本计划，有针对性地对影响装配式建筑施工成本的因素进行管控；定期核算项目的实际成本，并与计划成本进行偏差分析，及时采取措施补偏救弊。

基于 BIM 的施工成本管理可以自动计算最新的工程量，辅助预测成本、工程进度支付、工程结算等过程的成本计算，有助于成本的精细化管理。施工单位可以根据需要，按照时间、区域、分部分项工程、构件等完成工程量的提取，获取对应的造价，有效帮助管理人员进行人、材、机计划的制订。

表 4-3　传统建筑（高层）与装配式建筑（高层）建安成本费用比例表

传统建筑		装配式建筑	
费用名称	占建筑安装费用比例	费用名称	占总建安费用比例
人工费	15%～20%	人工费	10%～15%
材料费	55%～60%	材料费	60%～65%
机械费	3%～5%	机械费	约8%
措施费、管理费、规费、税金	15%～20%	措施费、管理费、规费、税金	约15%

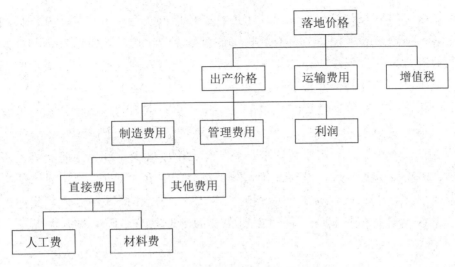

图 4-2　主材 PC 构件的生产成本

4.6.4　BIM 技术在装配式建筑施工管理中的应用

　　BIM 技术与装配式建筑的结合，可以将两者优势充分发挥。借助 BIM 技术可以构建装配式标准化族库，进而快速构建结构模型、大幅度缩短建模时间。而且，BIM 技术中的碰撞校核管理器还可以开展全方位的碰撞信息检查，防止预制 PC 构件出现碰撞的问题。考虑到 BIMStructure 软件在建模过程中难以满足预制混凝土的深化设计要求，因此在建模时可以运用 TeklaStructure 软件。具体来说，可以先使用 Revit 构建装配式标准化族库，进一步利用 TeklaStructure 软件对各个参数化节点配筋，将每一个构件参数化，汇集形成标准化构件库。

　　与此同时，BIM 技术还可以运用于装配式建筑构件的生产阶段。传统的预制构件生产过程如下：设计单位向预制厂家提交各类 PC 构件的二维图纸，预制厂家人工读取二维图纸中的构件信息并进行生产，这种生产模式往往会因为图纸读取错误而导致构件数据有误，从而影响了施工进度、导致了构件的浪费。BIM 技术的引入，可以将构件模型信息（包括构件尺寸、材料、钢筋水泥参数等）以直观的形式递交给预制厂家，且构件的设计数据和参数均可以通过条形码转换为加工参数，使得设计信息与生产系统直接对接，防止构件生产错误，同时提高了 PC 构件预制的自动化水平。

　　BIM 技术还可以用于检验预制 PC 构件的预拼装情况。具体来说，可以依据 BIM 模型、借助 3D 打印机生产构件，随后进行构件预拼装，当发现拼装存在问题时，可以及时修改构件尺寸、形状、接口形式等，再次打印并进行构件预拼装，待预拼装无误后方可开展构件的批量生产。BIM 技术验证预制装配式建筑设计方案的合理性，通过试生产与预拼装及时发现问题构件，避免因盲目大批量生产而导致的构件报废。

BIM 软件中涵盖了大量的建筑信息，能够实现资源的动态化管理。该软件可以借助计算机技术，便捷地统计 BIM 模型数据信息，准确计算装配式建筑的节点以及工程量。对比人工计算，该方式大幅度减少了计算误差。有关研究显示，BIM 技术的引入可以将造价估算的精度控制在 3% 范围内。对比传统估算方式，该方式节省 80% 的估算耗时，并省去 40% 的预算外更改。此外，借助 BIM 技术开展碰撞检查，还可以避免不同专业以及不同参与方之间发生冲突，促进良好交流。

4.6.5 BIM 技术在装配式建筑工程施工过程中的应用

可以通过 BIM 技术模拟施工过程，将装配式建筑施工过程中可能存在的问题逐一演示，进而方便调整施工方案，降低事故发生概率并控制资源的消耗。举例来说，在装配式 PC 构件吊装过程中，通过 BIM 软件实施 PC 构件现场吊装管理，在施工计划中写入 PC 构件的详细属性，其后搭建管理模型，进而参照吊装方案模拟施工。在施工方案确定以后，相关人员可以利用平板手持设备开展对于工程项目的实时管理。在模拟 PC 构件现场吊装过程中，应该综合考虑工地内部所有运输路线以及塔吊工作范围，并详细计划施工各道环节的衔接配合，进而确保各构件的吊装质量。

此外，在模拟 PC 构件现场吊装过程中，还应综合考虑施工计划、项目结构模型、现场场地模型等，并利用 BIM 软件将不同阶段的施工模拟动画依据时间节点衔接，以较为直观的方式表达整个施工过程。值得注意的是，当施工现场遇到施工要求高、构造复杂的连接节点时，可以借助 BIM 技术进行节点连接的可视化展示，方便工人依据三维模型准确地实施节点连接，确保操作的准确性。

1.管理装配式建筑材料

可以通过 BIM 技术改善装配式建筑工程的材料管理。在装配式建筑的 PC 构件预制过程中，预制现场会堆放大量的材料与构件，且需要大量的人力和物力来对材料与构件进行分类和储存，且人工操作难免存在各类误差。BIM 技术的引入，可以准确模拟施工现场，在了解项目具体情况的基础上，将施工各阶段所使用的 PC 构件逐一统计，从而方便预制厂分批预制，避免了预制现场出现堆积过量或材料短缺的问题。同时，BIM 技术的引入，还可以方便验收者根据电子信息表收集 PC 构件信息，大幅度提升验收者的工作效率。当施工进度变化时，验收者还可以依据材料进场计划灵活调配现场资源，以确保特定区域的 PC 构件数量满足施工要求。另外，施工完成后，施工方可以借助 BIM 软件统计施工过程中构件及材料的实际消耗量，还可以将构件及材料的计划用量与实际用量展开对比，为后续的材料管控打下基础。

2. 检测装配式建筑的碰撞情况

可以通过 BIM 软件在项目的设计阶段开展建筑的碰撞检测。具体来说，可以通过 BIM 软件对图纸范围之内的建筑结构布置、管线布设开展平面以及竖直向上的碰撞检测，当发现构件之间发生冲突时，及时修改图纸，避免施工阶段发生构件碰撞的情况，在实现不同专业协同设计的同时，减少返工耗费的成本。对比传统方案，该方案大幅度提升了工作效率。值得注意的是，在现阶段，将 BIM 技术应用于碰撞检测尚未得到充分实践，该方面的使用及管理尚且存在很多不足，在后续的工作中有待完善。

3. 实现装配式建筑施工动态管理

BIM 技术具备模拟性、优化性、可视化、协调性等诸多优势。BIM 技术的引入，可以实现建筑施工过程中施工对象与施工进度的数据对接，将 2D 图纸转变为"3D-BIM"模型，实现模型化立体式管理；同时，随着"3D-BIM"模型向"4D-BIM"可视化模型的转变，还可以实现施工方对于施工进度的实时监控。另外，在"5D-BIM"模型不断发展的趋势下，施工方还可以构建"动态施工规划"，实现对于装配式建筑施工过程及资源投入的动态管理。

4.6.6　BIM 技术在装配式建筑工程施工后期的应用

1. 管理装配式建筑信息

BIM 软件的运维管理数据平台涵盖了装配式建筑项目自立项到建造完成过程中的全部信息。上述信息数据经过软件的分析与处理，可以关联至装配式建筑建造中产生的各类组件上。另外，在建筑的运营维护阶段，相关的数据信息也可以借助 BIM 模型进行关联存储，从而方便工作人员进行自动化精准查找，避免了手动搜索的烦琐，也避免了信息丢失的问题。

2.检修装配式建筑设备故障

BIM 技术可以将二维 CAD 图纸转变为三维 BIM 模型，具备可视化的优势。在装配式建筑运营维护中，建筑内部的水、电、气等隐蔽工程无法用肉眼观测，而借助 BIM 模型，则可以直观了解到各隐蔽构件所处的位置，进而可以快速地定位至发生故障的设备位置，缩短了维修耗时。

3.制订装配式建筑应急方案

BIM 技术还具备模拟仿真的性能，具体来说，借助 BIM 软件，可以准确识别装配式建筑运营维护中的安全隐患，并依据隐患开展对应的灾害模拟，进一步提出对症的解决方案与应急举措。比如说，通过 BIM 及时开展火灾疏散模拟，为用户制订紧急疏散计划并规划疏散路线，通过前瞻性的应急方案将火灾带来的损害降至最低，此时只需扫描二维码就能够及时获得监测点的各项信息；"BIM+VR"，BIM 模型与 VR 技术的综合应用能够实现装配式建筑虚拟化、可视化展示，并实现了交互性设计；"BIM+RFID（射频识别）"，即 RFID（射频识别）技术与 BIM 数据模型相结合，以预制构件生产为例，针对构件的制作、运输、吊装等能够实现集约化管理。

4.6.7 协同管理

从本质上分析，装配式建筑智慧建造实现的核心点就是建造过程的"一体化集成"，而"一体化集成"的关键点是协同管理。虽然 BIM 技术有着强大优势，但是如果没有高度重视协同管理，是很难实现装配式建筑所有参建方之间的结合、建造各个环节之间的融合，从而导致智慧建造成为一种空谈。怎样建立一条完善、成熟的装配式建筑产业链，是实现智慧建造的一大瓶颈。现如今已经研发出了很多先进的 BIM 协同管理软件，如广联达公司研发的 BIM5D。基于 BIM 技术下的预制构件生产，全方面分析设计、制作以及安装要求，借助于 BIM 模型完成制作与安全的真实模拟，从而提前发现、解决问题。同时在生产、安装过程中借助互联网技术等实现实时跟踪，保证预制构件制作与装配精度。

此外，如何促进装配式建筑各个参建方之间信息的高效传递？如何提升资源整合率？这是实现智慧建造必须解决的问题。基于此，BIM 协同管理软件应一体化集成可视化编辑平台、各专业 BIM 应用软件与 IFC 标准 BIM 模型数据库。按照制定的分工规则，通过云技术科学地为各个参建方配置相应的管理权限，实现 BIM 协同平台数据访问、修改等的规范化管理，实现信息的有效分享、共享。

　　基于 BIM 技术下的装配式建筑设计，控制了能源损耗，实现了"四节一环保"，使装配式建筑绿色化。通过 BIM 技术实现装配式建筑资源的有机整合，依托 BIM 协同平台完成优化，与此同时借助 BIM 技术实现装配式建筑各个环节的精细化管理，使装配式建筑智能化。

4.6.8　BIM 技术在施工管理中的准备工作

　　基于 BIM 技术的装配式建筑的设计施工体系中，有效完成预制构件的组装是施工阶段的一个主要任务。同时，BIM 技术的重要特征是项目全生命周期的信息管理，实现信息在各个阶段的传递和共享尤为重要，因此，施工阶段的另一个主要任务是进行信息的采集、传递和共享。

　　基于 BIM 技术的装配式建筑的设计阶段、生产阶段和施工阶段之间的信息传递，如图 4-3 所示。设计单位从预制构件库中调用 BIM 预制构件，在设计 BIM 软件中完成装配式建筑的初步设计和优化，生成的 BIM 模型可以辅助施工单位进行进度计划模拟，指导预制构件的生产和运输时间安排，也可以指导装配式建筑的现场施工。但是，将施工现场的预制构件与 BIM 模型关联并把施工阶段的信息向 BIM 模型传递，仅仅借助 BIM 技术不能解决。在实际施工中，只有将施工过程中的信息输入 BIM 模型中，才能借助 BIM 技术实现信息化管理。因此，建立施工过程中的预制构件与 BIM 模型中的构件一一关联，是发挥 BIM 技术在施工阶段作用的关键。

　　由图 4-4 的信息传递流程可知，要实现这种关联，需要在构件生产阶段就建立预制构件与 BIM 模型之间的对应关系，从而实现信息的收集。RFID 技术可以跟踪目标并读取相关数据，解决 BIM 模型中的预制构件和生产、施工的预制构件的一一对应关系。在 Revit 软件中，区分不同实例的唯一标识是 ID号，实例在装配式建筑 BIM 模型代表某个构件，这些构件可能具有相同的属性，但是在 BIM 模型中所处的位置不同。ID 号对设计师建立 BIM 模型并没有多大作用，主要在二次开发时通过识别 ID 号完成构件的调用。在预制构件生产时，在构件中植入 RFID 电子标签，利用 RFID 技术存储构件生产阶段的信息。为了实现预制构件库中预制构件的编码、BIM 模型中预制构件的 ID 号和生产阶段预制构件的 RFID 编码之间的对应关系，BIM 模型中的预制构件应存储 RFID 编码，植入构件的 RFID 电子标签应存储构件的 ID 号。在生产阶段完成预制构件与 BIM 模型的对应后，在施工阶段就能对构件进行追踪，将构件的施工状态实时反馈到 BIM 模型中。

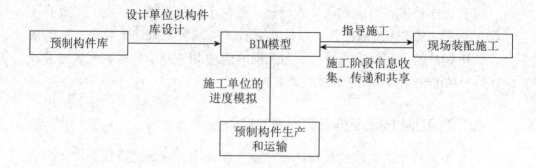

图 4-3 基于 BIM 技术的装配式建筑信息传递

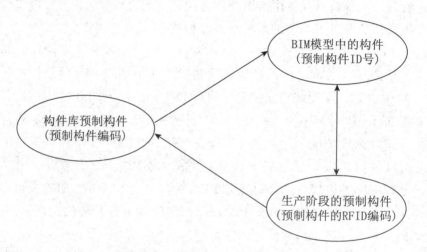

图 4-4 预制构件编码、ID 号和 RFID 编号对应关系

4.6.9 BIM 技术在施工质量信息化管理中的应用

在施工阶段影响装配式建筑工程质量的因素主要有人工、机械、材料、方法和环境五大方面。因此，基于 BIM 技术的装配式建筑施工质量管理主要对这五个方面进行控制。工程实践表明，大部分传统管理方法虽然在理论层面具有很大的作用，但是在装配式建筑实际操作时很难发挥作用。由于实际操作条件与理论情况差异大，装配式建筑与传统管理方法贴合度不高，这些应用于装配式建筑的施工质量管理方法只能发挥部分作用，甚至不能发挥作用，限制了质量管理的工作效率，难以实现装配式项目预期的质量目标。

BIM 技术的可视化特点为装配式建筑提供了一种"可视化"的管理模式，而且提高了信息传递的准确性和效率，使其更充分地服务于工程项目质量管理工作。基于 BIM 技术的施工质量管理可以分为产品质量管理、组织质量管理和技术质量管理。

（1）产品质量管理：将 BIM 技术和 RFID 技术结合后，可以实现 BIM 模型与施工现场的双向信息传递。在施工时，人们可以借助 BIM 平台快速获取构配件或材料的规格、材质、尺寸等信息，RFID 标签也可以将构件的实时信息上传至 BIM 模型中，帮助质量管理人员监控施工质量，避免产生不良的后果。

（2）组织质量管理：在项目的施工过程中，涉及的参与方众多，在作业时可能出现多工种、多专业同时进行的情况，为了协调不同人员作业时的工作面，在开工前合理布置场地很重要。借助建立好的施工 BIM 模型，在 BIM 软件中对材料堆放、施工道路、施工机械、现场临时建筑等施工平面布置进行模拟，确定最优的施工平面布置方案；利用 BIM 软件灵活统计工程量的功能，结合进度计划按阶段获取工程量，进一步计算材料和人员的安排，确保施工场地规划和设备材料进场安排得科学合理。

（3）技术质量管理：通过展示施工的关键工艺和模拟施工的工序，保证现场的组装满足质量要求。在工序开始前，利用 BIM 技术向工人动态地展示关键构件及部位的安装方案，使工人掌握施工过程与方法，防止由于施工人员没有理解二维的安装方案而带来质量问题。对于复杂节点，为了检验节点的设计能否施工，可对复杂节点的施工进行模拟。

4.7　BIM 技术在装配式建筑施工中的应用

基于 BIM 技术的施工进度信息化管理的主要内容是施工进度的可视化模拟和施工进度的监控。

（1）施工进度的可视化模拟。为了解决传统进度计划编制方式的不足，在 BIM 软件中，根据提前编制好的施工进度计划，通过 BIM 模型与进度计划衔接，将进度信息附加到可视化的三维模型中，生成一个可视的 4D 模型。4D 模型创建完成后，可以借助 BIM 技术的模拟功能，精确、直观地展示整个建筑的建造过程。通过虚拟建造可以检查现有的进度计划在施工中是否存在时间冲突、人员冲突、空间碰撞、流程不合理等问题，针对出现的问题修正完善施工进度计划。施工进度计划的编制以天、月和年为单位，在进度计划模拟时也可随意调整时间单位。此外，施工进度计划的调整是一个不断优化的过程，需要不断模拟与改进，以获得最合理的施工进度安排。BIM 技术在施工进度可视化模拟中的流程可以分为 5 个步骤，如图 4-5 所示。

①将 BIM 模型载入软件；

②编写施工进度计划；

③BIM 模型与施工进度计划衔接，生成 4D 模型；

④创建施工模拟动画；

⑤优化进度计划。

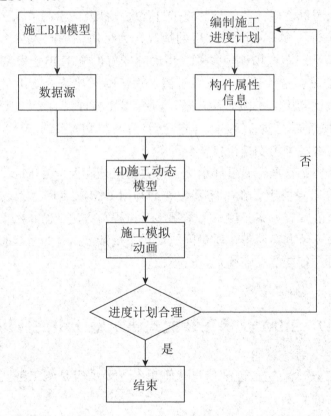

图 4-5　施工进度模拟流程图

（2）项目进度监控。在装配式建筑施工时，构件的实时状态通过 RFID 技术完成提取并上传至 BIM 模型中，这个 BIM 模型集成了每个构件的计划进度和实际进度。在 Navisworks 软件中，构件在不同时点的建造状态可以用不同颜色表示，如图 4-6 所示。通过对比某个时点计划进度和实际进度模拟结果，3D 模型就可以表示出构件"提前""在建"和"延误"三种情况，并对延误状态的构件发出警报。

图 4-6　4D 模拟

4.8　BIM 技术在施工成本精细化管理中的应用

施工成本的管理是指施工企业在工程项目施工过程中，将成本控制的观念贯穿施工的全生命周期中，通过采取科学的管理活动，合理控制施工过程中发生的费用开支，确保工程施工时发生的费用限制在预算范围内。

BIM 技术的出现为施工成本的精细化管理提供了工具，在 4D 模型的基础上为预制构件增加成本的信息，从而形成 5D 模型，赋予成本数据空间属性，使成本的计算精细到以构件为单位。工程造价的计算以工程量为依据，因此工程量的计算准确度影响工程成本的计算准确性。使用 5DBIM 模型来计算工程造价，直接生成预制构件的名称、材料、尺寸、价格等信息，通过此模型，系统识别模型中的不同构件，并自动提取建筑构件的清单类型，工程量（如体积、质量、面积、长度等）等信息，自动统计建筑构件的资源用量和成本，帮助制订材料物资的采购计划。而且 BIM 技术能够保证在设计出现变更时，BIM 模型中的相关信息会随之改动，造价工程师所使用的构件信息也会随之改变，工程造价成本也能自动变更。同时，将构件的成本信息与施工进度关联，形成成本的动态管控。在传统施工成本管理中，工程进度款的申请和支付工作需要通过人工核算来完成，而基于 BIM 技术的施工成本管理能够按照工程的实际进度自动统计出各类构件的数量和成本，减少预算的工作量，且能按照不同的分类完成成本的计算，辅助工程进度款的结算。此外，利用 BIM 技术也能帮助施工单位进行成本监控。在施工准备阶段，利用 BIM 软件自动提取工程量，辅助完成工程成本预算书的编制；在现场施工阶段，结合 BIM 模型中的施工进度信息，计算工程的实际费用，与工程预算费用对比，及时调整成本出现的偏差，防止施工成本超出预算。

4.9　优化图纸设计

作为施工单位进行施工建设的主要依据，装配式混凝土住宅的设计图纸是否具有较高的合理性，对工程整体质量是否能满足使用需求，具有决定性影响。与此同时，在进行装配式混凝土住宅建设施工的过程中，需要结合实际情况进行大量预制件的制作。此时如果缺乏合理、科学的设计图作为依据，相关工作的开展就没有标准可以参照，从而使制作出的预制件在参数和规格方面与实际要求产生较大误差，不仅无法应用到装配式混凝土住宅中，而且还会造成严重浪费，使施工企业的成本支出进一步提高。通过 BIM 技术对装配式混凝土住宅进行三维模型设计，能使装配式混凝土住宅中的各项预制件的设计得到全面完善和优化。根据三维模型中装配式混凝土住宅具有的楼梯、浇筑、外墙板等预制件的具体形状、规格、参数等要求，对其展开有效设计和全面优化，这样不仅使预制件能最大程度地满足装配式混凝土住宅的实际设计要求，而且还能防止后期施工过程中，由于预制板相关参数设计不合理导致建设返工以及设计修改等问题的出现。与此同时，当完成预制件设计图相关修改工作后，相关技术人员可以通过 BIM 三维模型对最终的图纸进行会审。这样装配式混凝土住宅设计图需要的各项参数与数据，就能直观地呈现在设计人员和技术人员面前，从而为设计人员与技术人员对具体内容进行研究和讨论提供方便，最终有效达到优化设计图纸的目的。

4.10　碰撞试验

通过对 BIM 技术展开大量实践调查研究发现，将 BIM 技术运用到装配式混凝土住宅设计相关工作中，能为具体设计工作提供 4D 试验和 5D 试验，并模拟装配式混凝土住宅的全部流程并进行试验。其中，装配式混凝土住宅的设计阶段、施工阶段、竣工阶段，特别是在预制件的生产方面、性能测试方面、建筑材料消耗方面，BIM 技术具有其他技术无法替代的作用。利用 BIM 技术在装配式混凝土住宅设计相关工作中开展碰撞试验，能使装配式混凝土住宅中比较重要的位置通过各种力度的碰撞，明确具体的设计是否能达到建筑最终的使用要求，针对其中存在的问题进行详细研究并采取有效解决措施，从而使装配式混凝土住宅的施工质量达到令人满意的程度。例如，在对装配式混凝土住宅的结构节点进行碰撞试验时，可以利用 BIM 技术将相关数据信息上传到 Tekla Sixuctures 中。这样装配式混凝土住宅各结构节点的具体信息，就能通过碰撞试验的结果真实呈现，从而有效提高我国装配式混凝土住宅的设计整体水平。

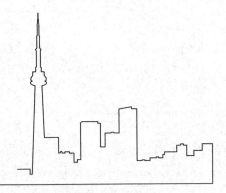

第 5 章　基于 BIM 技术的装配式建筑设计－施工协同管理平台原型设计

高度集成化、工业化是装配式建筑的重要特点，实现装配式建筑全寿命周期，尤其是建筑设计阶段和施工阶段的信息与协同管理对于装配式建筑的发展与应用具有推动作用。目前，利用 BIM 技术创建的装配式建筑三维信息模型（并进行设计、施工管理）已渐趋成熟，装配式构件的加工工业化水平也得到提升。然而，对于工程信息共享以及协调管理方面，由于不同企业管理模式的不同以及普遍存在的信息壁垒问题，装配式建筑项目在建设过程中，依然利用传统项目管理方式，不能发挥信息化及工业化优势。

5.1　需求分析

5.1.1　半结构化访谈

为了开发装配式建筑设计施工协同管理平台，首先要确定用户对平台的需求，通过访谈可以在相对较短的时间内以较低的成本获得所需的信息。但是，要想收集到客观有用的信息，就必须事先设计好周密、系统的访谈方案。半结构化访谈主要包括 3 个步骤。

步骤 1：在正式访谈开始前，必须做好一系列的准备工作。首先确定受访者。受访者应包括参与装配式建筑设计施工的各类参与者，包括业主单位、勘察单位、设计单位、监理单位、预制件生产厂商等。半结构化访谈是收集所开发平台需求的主要信息源，因此需要进行多次访谈，以保证信息的全面性。其次确定访谈的问题和计划。半结构化访谈的问题需要根据平台开发过程中的需求分析信息进行设计。设计的问题必须是全面的，并具有一定的逻辑关系，最后联系受访者并确定访谈的时间和地点。

步骤 2：进行采访。半结构化访谈通常持续 45 ～ 90 分钟。访谈最好在受访者熟悉的办公室或其他地方进行，让受访者感到放松。访谈者应该首先自我介绍，并提醒受访者要讨论的话题、预计的长度和目标。整个采访过程都是按照事先准备好的采访提纲一步一步进行的，要对采访提纲进行数字化记录，以保证采访信息的准确、全面。采访者不能使用任何有方向性的语言来保证访谈的公平性。一旦访谈结束，要感谢受访者的参与。

步骤 3：处理和分析收集到的信息。采访中获得的录音以文字或句子的形式提供信息。这些信息必须用一种有效的方法来总结，这是一种定性分析。通过对记录的信息进行定性分析，我们得出对装配式建筑设计施工协同管理平台的需求。

根据半结构化访谈的步骤，为了获得详细的信息，总共进行了 15 次访谈，受访者是通过集中抽样的方式确定的。表 5-1 和表 5-2 分别为受访者以及访谈问题的详细内容。为了保证项目的机密性，把项目命名为项目 -1、项目 -2、项目 -3。

表 5-1　受访者信息及编码

项目和受访者	编码
项目 -1	
业主方项目经理	P1-1
设计单位负责人	D1-1
预制件生产厂负责人	Y1-1
施工单位项目经理	C1-1
监理单位负责人	S1-1
项目 -2	
业主方项目经理	P2-1
设计单位负责人	D2-1
预制件生产厂负责人	Y2-1
施工单位项目经理	C2-1
监理单位负责人	S2-1
项目 -3	
业主方项目经理	P3-1
设计单位负责人	D3-1
预制件生产厂负责人	Y3-1
施工单位项目经理	C3-1
监理单位负责人	S3-1

表 5-2　访谈问题的详细内容

序号	访谈提纲	编码
1. 构建装配式建筑设计施工协同管理平台的目的是什么　　　　　　　　　　Q1 2. 参与装配式建筑协同管理的主要参与者有哪些　　　　　　　　　　　　Q2 3. 目前装配式建筑设计、施工等阶段项目管理存在哪些问题　　　　　　　Q3 4. 在协同管理过程中需要获取哪些信息　　　　　　　　　　　　　　Q4 5. 为了提高协同管理的效率需要采取哪些有效的措施　　　　　　　　　Q5 6. 不同参与者之间的信息交流存在哪些问题，应该怎样改进　　　　　　　Q6 7. 装配式建筑设计施工阶段协同管理过程中的文档管理有什么建议　　　　Q7		

通过对转录的访谈记录进行定性分析，提高访谈信息分析的效率和准确性。定性分析访谈材料的原则和步骤：第一步，将访谈中提出的问题设为根节点，将访谈者视为子节点；第二步，建立不同节点之间的关系；第三步，对现有的采访资料进行编码。在这个过程中，需要 5 个人来完成编码任务，进一步提高客观性。针对编码中存在的争议性，通过一系列的分析和讨论，最终确定编码方案。

5.1.2　功能需求分析

根据半结构化访谈的内容，同时结合第 2 ～ 4 章对 BIN 技术在装配式建筑设计施工阶段中的应用研究，为实现装配式建筑设计施工一体化管理，对基于 BIM 的装配式建筑设计－施工协同管理平台的功能需求进行详细分析。

1. 参建单位协同管理需求分析

在装配式建筑设计、加工、运输、吊装等全生命周期阶段，各专业高度集成，构件生产工艺要求极高。图 5-1 为不同参建单位的协同管理流程图。装配式建筑负责构件生产的单位作为总包下的分包，难以管控各类层级关系，采用邮件、通话等进行信息协同的传统方式将会影响工程效率，甚至造成构件生产不符合要求等问题。

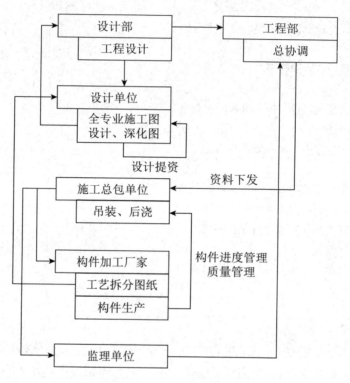

图 5-1　各参与单位协同管理流程图

2.各设计专业间协同管理需求分析

装配式建筑设计阶段包括结构设计、水电设计、暖通设计等多个专业，为避免设计冲突问题，必须统一协调各专业图纸，同时在深化图中预留空间、孔洞等，借助 BIM 技术可视化及协同化特点，集中装配式建筑各专业模型，最终生成各构件加工图纸。

3.设计与施工现场的沟通需求分析

设计单位协调各个专业图纸后，在 BIM 模型中生成装配式建筑深化施工图纸，同时生成各个构件的具体生产措施及节点连接方法。在构件生产、运输、预拼装、拼装等阶段，施工单位可以利用协调系统将施工问题及时反映到设计单位，双方共同处理。

4.装配式建筑预制构件的信息跟踪及可溯源需求分析

在装配式建筑的各个施工阶段，通过协同管理平台，可以协调施工图的修改和确认、预制件设计样板图、构件预制、构件堆放、构件吊装、质量检测等各项由不同单位负责的工作。在各个不同的阶段，可以实现对各类预制构件的跟踪查询，在这些过程中所涉及的所有文件可以统一归档，从而有利于各个参与单位对施工现场的工程进度和质量情况进行有效管理。

5.1.3　人员职责划分需求分析

装配式建筑设计施工协同管理阶段的参建单位由业主、勘察单位、设计单位、施工单位、监理单位、预制件生产厂等组成。作为项目的最终负责人，业主或由其任命的项目管理单位负责审核设计文件并进行招标及下发施工单位，审核设计施工等过程中各种联系单、签证等，同时对项目的成本、进度、质量进行统筹控制。业主单位下的设计部负责与设计单位对接，工程部负责和施工单位对接。

勘察、设计单位的各个专业间进行提资并确认，负责审核预制件生产厂的加工图纸，在施工阶段，负责与业主单位的设计部门协调和处理事项，同时对施工单位提出的治理单和各种问题进行审查并提交建议。作为项目总包单位，施工单位负责处理施工过程中的各类事情。预制件加工通过施工单位招标实施，同时施工单位负责统筹管理预制件生产、运输、堆放、吊装等全过程的问题。

在装配式建筑施工的全过程中，监理单位负责对构件材料的质量以及施工的质量进行全过程监督。在工程验收阶段，业主单位牵头，施工方整理工程资料并提交验收。装配式建筑设计施工过程中，各个参与方的协同管理关系如图5-2 所示。

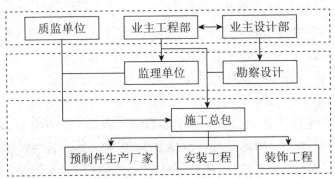

图 5-2　参与方协同管理关系图

5.2 协同管理平台的设计

5.2.1 BIM 技术在项目管理中的应用

BIM 是建立在开放的通信标准和共享的信息资源基础上的模型物理和功能特征的数字化表达，可以对项目的信息进行输入、提取、更新和修改，是决策的可靠基础。BIM 是一个功能强大的数据管理系统，用于组织和管理项目信息。各种 BIM 也被提出，通过提取和分析与时间、成本、安全、可持续性、稳定性相关的信息，使所有合作伙伴能够在项目的整个生命周期中方便、高效地工作。同时，BIM 作为一个独立的系统也受到了挑战，阻碍了相关利益者对项目信息的获取。为了提高管理效率，实现有效的信息积累，已经进行了一些研究，使 BIM 与其他多样化的项目兼容。在建设项目中，管理者需要花费大量的时间来获取项目信息，与其他参与者进行沟通，监控项目质量。然而，手动执行这些任务将影响效率，并可能导致项目管理的效率降低。因此，项目管理信息系统作为一个可以管理项目生命周期内的任务的集成系统已经建立并被采用。由于 PMIS 中存储的信息通常是文件或文本，没有明确的分类标准，现有的 PMIS 无法为参与者提供实际的工作支持，为此，提出了基于 BIM 的 PMIS。基于 BIM 的 PMIS 是采用信息技术支持的 BIM 信息流，将 BIM 与项目管理实践联系起来的信息系统。目前，基于 BIM 的 PMIS 研究主要是解决信息流的断开、数据的积累和存储等问题，这些都是提出概念框架或流程的基础研究，缺乏创建真实系统的具体方法。BIM 与其他信息通信技术（ICT）的结合以及不同程序之间的互操作性是基于 BIM 的管理系统开发中的两个主要问题。信息通信技术（ICT），如 Web 和云技术，预计将引发建筑业信息化发展的新浪潮。BIM 技术必须与其他 ICT 相结合，才能在项目生命周期内实现全面、有效的管理。为了实现具体的项目管理目标，BIM 与其他 ICT 进行了一些整合工作。为了让每个项目参与者，在没有专业知识和特定的客户端软件的情况下，浏览和与可视化 BIM 模型交互，已经构建了基于 Web 的 BIM 模型。基于 Web 的方法对于多数参与者来说是非常方便的，但是需要对各种信息进行存储和处理，以实现基于 Web 的多用户项目管理。为了消除项目实施过程中信息传输、存储、管理和应用的局限性，专家提出了基于云的解决方案。NIST 将云计算定义为一种模型，基于可配置计算资源的共享池，它允许无处不在的、便捷的、按需的网络访问。采用云计算技术开发了可视化系统，实现 BIM 的可视化、协作和共享。开发的系统不仅可以实现三维模型的可视化，还可以让具有适当权限的人随时随地通过 Web 对模型进行操作。该系统方便了相关合作伙伴（如政府、建筑公司、材料供应商等）之间的信息沟通和分发，使项目管理更加高效。与本书的研究内容类似，Matthews 等人利用基于云的 BIM 进行实时信息传递，实现钢筋混凝土（RC）结构施工进度监控和管理。在对 BIM-cloud 技术进行大量学术研究的基础上，专家开发了多个基于云的商业软件（如 Autodesk360 和 BIMServer）。这些软件可以存储 BIM 信息，并允许人们对 BIM 模型进行实时查询、合并、注释。不同程序之间的互操作性是 BIM 与其他 ICT 相结合的项目管理系统成功的关键。IFC（Industrial Foundation Classes）是不同 BIM 工具之间的标准信息模型，可以表达、交换、存储建筑结构信息，实现互操作性。IFC 模型由四层组成，包括定义概念或对象的资源层、核心层、互操作性层和应用层。现行 IFC 标准对不能满足施工管理要求的有限信息类型进行了界定，提出了多种扩展 IFC 的方法。国际金融公司与 Web 技术的结合已经进行了一些研究，提出了一种通过 IFC 和基于 Web 的方法来实现结构分析模型之间的数据转换。Torma 提出了一个统一的框架，结合 IFC 和 Web of information technologies 的优势，构建了信息交换工具。WebGL 是一种开放的跨平台的标准，用于不带插件的 3D 加速图形渲染。Xu 等人提出了一种利用 IFC 标准和 WebGL 技术，通过 Web 实现 BIM 模型可视化的方法。具体的解决方案是将 IFC 文本转换为对象文件（OBJ），然后在 WebGL 中编译 OBJ 文件。

5.2.2　协同管理平台的技术路线

通过对装配式建筑设计施工阶段协同管理平台的需求分析，以及 BIM 技术在工程项目管理中的应用分析，装配式建筑设计施工协同管理平台拟采用 B/S 模式，利用 Revit 软件创建 BIM 模型，对不同阶段的模型实施轻量化处理并储存在 MySQL 数据中，同时设计 Web 端以及移动端，以提高施工现场的工程管理水平和效率。装配式建筑设计施工阶段由不同单位参与，为实现不同单位间的协同管理，平台设置 API 接口，使得各参与单位内部管理系统与系统管理平台实现数据传递。协同管理平台拟设计技术路线如图 5-3 所示。

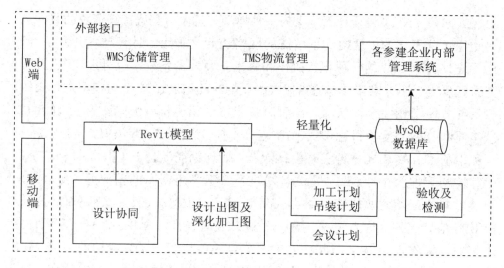

图 5-3　装配式建筑协同管理平台技术路线

5.3　协同管理平台的开发要点

5.3.1　SaaS 模式

传统的基于 BIM 的项目管理系统通常使用已有的商业软件，然后进行一定程度的开发，从而将需要的功能整合到软件中。装配式建筑设计施工过程中需要多家单位协同工作，每家单位都需配置各自所需的软硬件，因而采用这种方法的成本代价较高。随着信息化技术的高速发展，SaaS 模式被广泛采用。SaaS（Software-as-a-Service）意为软件即服务。SaaS 模式的提供商为用户预先创建完成信息化管理所需的各种网络设施、软硬件及运作平台，同时 SaaS 模式提供商负责提供前期准备和后期维护等各种服务。通过这种模式，用户不需要采购软硬件，通过网络便可使用所需的信息服务系统。

5.3.2　数据存储

Revit 中的模型信息一般通过中心文件的形式存储在服务器上，想要完成对 Revit 平台中的信息提取，通常需要进行二次开发。这种方式获得信息的效率和开放性远低于搭建于服务器中的数据库。微软创建的 ODBC 是一套帮助数据库访问的操作规范，该标准也同样适用于 Revit 平台中的数据访问和导出。装配式建筑协同管理平台开发过程中的数据存储功能可以采用 MySQL 数据库。MySQL 数据库是最常被使用的一种开源数据库，拥有十分完善的数据接口，各种 WMS（仓储系统）、TMS（运输系统）可以直接使用该种数据库，进行数据存储。Revit 平台中的 BIM 模型数据以 IFC 格式导出到数据库，通过轻量化处理后存储于 MySQL 数据库中，为后续的项目管理工作提供信息支撑。

5.3.3　数据可视化

BIM 模型中的各类数据可以借助 Web 端进行显示，文本、图片、表格等内容可以借助 Javascript 相关库的功能实现可视化显示，并且同时支持电脑端和手机端两种方式。

5.3.4　模型轻量化

轻量化的概念源于赛车运动。汽车重量越轻则同样的动力便会产生较高加速度。BIM 模型的轻量化意味着用户可以通过简单的操作便可以实现对 BIM 技术的应用。因此，将模型内容经过数据处理后存于网络服务器中，实现轻量化处理，用户便可以通过网页端随时随地访问 BIM 模型，这提高了工作便捷性和工作效率。在进行模型轻量化处理时，应根据预制件生产计划对模型中的构件进行分组，创建预制件部品集。通过扫描实体预制件上的二维码信息，可以在协同管理平台中实时显示构件躲在的位置以及质量等情况。预制件进场以及相关的质检信息通过手机拍照上传至平台，并存储在模型响应构件的附件内容中。

5.3.5　OA 型流程管理

为实现装配式建筑设计施工阶段的协同管理，平台需要综合考虑装配式建筑项目管理的标准流程，以及装配式建筑各个阶段不同参与单位的工作流模式和项目管理习惯等制定与项目管理流程高度契合的功能模块，从而以工作流为驱动，促进各方合作，提高项目管理效率。以流程为驱动的平台运作模式如图5-4 所示。

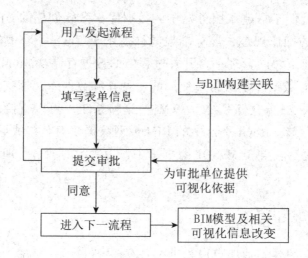

图 5-4　以流程为驱动的平台运作模式

流程可以实现与 BIM 模型的关联。点击流程表单中的反查或绑定可查看该条流程涉及的工作范围，也可以点击模型构件，查看该部位以往的工作流程及资料，还可以通过 BIM 模型实现对流程工作的管理。表 5-3 为 OA 型管理功能的汇总。

表 5-3　OA 型管理功能的汇总

功能	功能描述	实现难度
流程发起业主、施工单位和监理单位可根据需要发起相关指令或流程高		
流程进程跟踪	平台可设置待办、已办等模块，对角色接收到的审批任务进行提醒，对角色发起的流程进行进程跟踪。对已经完成的任务进行归档	高
消息中心	可通过平台或短信推送相关消息，如当监理单位审核未通过时，可短信通知施工单位	高

5.3.6　角色及权限

装配式建筑设计施工协同管理平台可以为业主、勘察、设计、施工、预制件生产厂等单位提供服务。根据 OA 型流程管理，不同角色具有不同的发出和处理权限，见表 5-4 和表 5-5 所列。

表 5-4　各单位发出权限

发出权限	业主	设计	施工	构件厂家	监理	勘察
联系单	√	√	√	√	√	√
设计变更		√				
工程技术洽商单	√		√	√		
工程签订单			√			
监测方案			√			
材料进场签收单				√		
修改通知	√	√			√	√
设计提资单		√				
各阶段出图		√	√			

表 5-5　各单位处理权限

发出权限	阶段一			阶段二	阶段三
	待办	拒收	签收	结果回复	提出方验证
联系单	√	√		√	
设计变更		√	√		√
工程技术洽商单	√	√		√	
工程签证单	√	√		√	
检测方案	√	√		√	
材料进场签收单		√	√		
整改通知	√	√			
设计提资单		√			
各阶段出图	√			√	

5.4　协同管理平台的应用模块设计

　　本书设计的装配式建筑设计施工协同管理平台采用双核心理念实施项目管理工作，以时间线控制项目协同管理流程。预制件部品库作为平台协同管理的数据核心。平台的具体架构如图 5-5 所示。

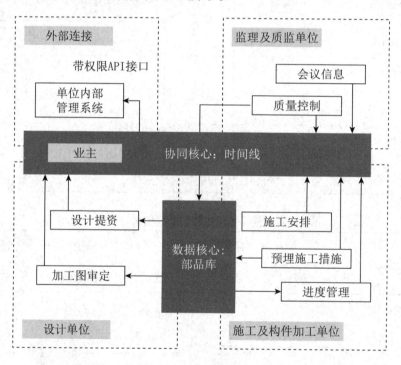

图 5-5　平台的具体架构图

5.4.1　基本功能

　　（1）平台具有页面登录、模型浏览、权限登录、填写表单等基本的管理平台功能。

　　（2）实现协同管理的横道图功能。平台中的横道图功能既能实现传统的工程进度管理外，又可以为各参与单位提供基于进度的相关信息，如深化加工信息、材料进出场信息、会议信息等，如图 5-6 所示。

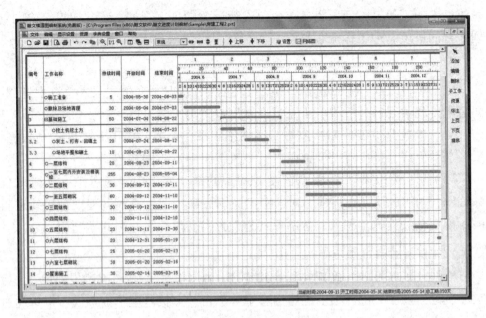

图 5-6　横道图功能的应用界面

（3）Revit 模型的轻量化处理。对 Revit 模型的轻量化处理是以单类构件信息为单位的，存储于 MySQL 数据库中，以保证各个端口可以读取，从而实现基于清单表格的信息查询。同时，平台提供二维码扫描功能，通过扫描二维码可以查看施工进度及相关文档资料、平面图纸、施工详图等。

5.4.2　设计及深化设计协同

采用 Revit 平台进行三维设计，可以同时在一个模型中绘制各个专业模型，避免了设计冲突等问题。本协同管理平台在对模型进行轻量化处理后，设计人员选择所需的构件便可进行模型提资，Web 界面便会显示构件的基本信息，设计人员确定或修改相关内容后，便可在系统中将修改信息同步至模型。此外，设计人员在系统中提交审定后的深化设计图纸，由预制件生产厂商根据深化设计图纸进行模板图、加工图及施工进度等内容的编制，完成后可提交至平台，由业主和设计单位审定。

5.4.3　进度管理

协同管理平台可以在线对进度计划进行 4D 模型模拟，支持进度计划与实际计划的对比，并可对截至今天的施工状态通过不同颜色显示，如施工中、已完成、未施工等，方便项目参与单位进行形象的进度管控。装配式建筑协同管理平台的进度管理工作流程如下。

1.施工总进度计划录入

施工单位发起"施工进度计划报审流程"，按照平台格式录入总进度计划，同时上传相关附件，并将施工总进度计划设置为一级进度计划。

（1）生成总进度计划横道图。根据施工单位录入的施工总进度计划数据，系统自动生成总进度计划横道图，其中关键工序以不同颜色显示。

（2）进行施工模拟。将总进度计划中的每项施工内容通过独一无二的任务编码，与 BIM 模型的构件 ID 以特定规则关联，通过协同管理平台在线进行 BIM 模型全过程施工模拟，帮助识别施工方案和组织设计中的问题。

2.实际施工进度情况确认

根据"工序报验"确定实际施工进度。施工单位编制"工序报验单"，将工序名称、所属分部分项及工序内容录入平台，上报监理单位审批，审批通过后，该工序完成。

3.工期变更

施工单位根据实际完成进度，选择是否需要调整施工总进度计划，若需要则应发起总进度计划调整流程，重新录入进度计划，并说明变更原因。当监理单位审核发现实际工程进度与总施工进度计划不符时，也应要求施工单位在平台中调整总进度计划。平台会记录历次调整的总进度计划，以做比较和分析。平台的进度管理功能汇总见表 5-6 所列。

表5-6 协同管理平台进度管理功能汇总

录入施工进度计划	施工单位录入施工进度计划，每项任务通过独一无二的任务编码，与 BIM 模型的构件 ID 以特定规则相关联	低
计划进度条	以进度条的形式展示实际进度与计划进度的对比情况，点击横道图能查看对应的进度任务信息	高
施工模拟	在已生成进度计划的前提下，线下生成施工模拟动画，导入平台中	低
确认施工进度	施工单位每月确认施工进度，若发生延误，引导进入进度变更流程	低
总进度计划调整	施工单位根据实际完成进度，选择是否需要调整施工总进度计划，若需要则应发起总进度计划调整流程，重新录入进度计划，并说明变更原因	中

工期变动情况展示	提供整体工期变动情况的展示（如折线图，变更清单，提供变动日期、变动原因、关联的 BIM 模型等数据）	中
流程审核	上报业主单位，否则驳回至施工单位；业主单位审核通过进度计划，否则直接驳回至施工单位	中
统计查询	按照年 / 月 / 自定义时间段，可分别对施工进度计划、实际进度、变更进行统计查询	低
资料上传、下载	施工单位、监理单位、业主单位能够通过平台上传、下载文件	低

5.4.4　造价管理

（1）中标工程量清单及中标价录入。施工单位根据 BIM 树分层分专业录入中标工程量清单及中标价。工程量清单按照分层分专业与 BIM 模型构件相关联。

（2）造价变更。施工单位应根据设计变更及材料价差等因素，每月末对工程量清单及金额进行调整。施工单位可根据 BIM 树分层分专业对相应数值进行调整，也可选择新增或删除某一子项，新增项会以不同颜色显示，删除项以删除线显示。对历次更改进行对比分析，可直观查看造价变更原因和结果。平台会记录历次清单调整，新增项以不同颜色显示，删除项以删除线显示，可直观查看造价变更的原因和结果。备注中会显示变更时间，通过下拉菜单选择月份可查看各月发生的变更事项。历月造价总额的变化可以折线图展示，同时可汇总分析造价变更原因，为后续造价控制提供参考。同时，BIM 模型构件会显示相关变更构件。

（3）进度款支付。施工单位提出支付工程进度款申请，分层分专业录入已完工程量、金额和应抵扣预付款，上传计量依据（包括现场施工进度照片）、"已完工程量报告""工程进度款申请"等文件，根据录入数据平台自动汇总和计算进度款，并提交监理。平台对进度款支付进行跟踪记录，可以图表形式形象地展现进度款的支付情况，及剩余应支付的工程款情况。

（4）竣工结算。施工单位将与结算有关的资料全部录入 BIM 平台，按时间顺序统计成资料目录，并将各个电子资料与 BIM 模型相互关联，特别是现场签证等容易产生争议的地方，可利用平台强大的数据交互功能在 BIM 模型中重点标注，且在结算过程中对某个部位产生争议时，可快速地从 BIM 协同平台调用现场图片等相关资料，真实地还原现场。BIM 协同平台后台根据历次进度款的支付记录及工程总额的调整，自动进行工程结算，输出数据。平台造价管理流程如图 5-7 所示。

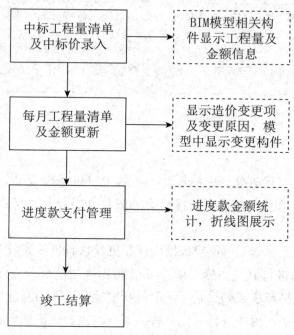

图 5-7　平台造价管理流程如图

5.4.5　资料管理

（1）全过程资料管理。资料管理模块提供了项目全生命周期的资料，便于项目施工、维护和维修过程中资料查询、问题追溯、责任认定、事件处理，提高管理效率。它包括变更时间、变更位置（按轴号）、变更原因、前后图片对比、各阶段审批材料的展示等。

（2）检索功能。在查询输入框中键入关键字，系统可根据关键字查询出所有符合条件的记录，以列表方式显示，在单击列表中的记录时，系统能够在三维空间自动定位和显示该记录代表的对象；同时提供 BIM 模型构件检索，可在模型界面搜索相关的构件信息。平台资料管理功能见表 5-7 所列。

表 5-7　平台资料管理功能汇总

功能描述实现难度		
资料汇总	各角色在各模块上传的文件在资料管理模块统一归类汇总，能够根据条件进行筛选	中
文件存储	各角色文件上传、下载，删除自己角色上传的文件（没有权限删除其他角色上传的文件）	低
在线预览	对于特定格式的文件（如 pdf、jpg、png 等），可以在线预览	低
文件模板	提供对平台中各模块流程中相关模板文件，供下载	低
资料检索	在查询输入框中键入关键字，系统可根据关键字查询出所有符合条件的记录，以列表方式显示，在单击列表中的记录时，系统能够在三维空间自动定位和显示该记录代表的对象	中
BIM 模型检索	在模型界面搜索相关的构件信息	中

5.4.6　质量管理

装配式建筑设计施工协同管理平台的质量管理功能汇总见表 5-8 所列。

表 5-8　平台质量管理功能汇总

功能描述实现难度		
材料质量控制	监理单位对原材料、构配件、施工设备的物理信息、来源与去向信息进行录入、统计（提供模板，可批量导入）	低
问题／事故与 BIM 模型关联	通过拍照上传、文字记录、移动终端数据采集等方式，将安全隐患、问题与具体模型构件关联，跟踪检查中出现的问题整改情况	高
统计查询	（1）按照材料类型／自定义时间段，对物资材料进行统计查询功能 （2）根据发生时间、问题／事故类型，对质量问题、事故及其整改情况进行统计查询，形成问题／事故清单	低

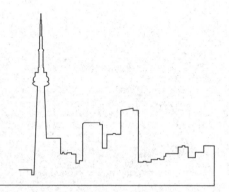

第 6 章　基于 BIM 技术的装配式混凝土建筑案例——枣庄学院学生公寓

6.1　项目概况

学生公寓坐落在山东省枣庄市枣庄学院校园内北部，位于学生宿舍西侧，学校食堂北侧，湿地公园东侧。公寓在设计时综合考虑周边的环境条件，与四者连接成一个有机整体。公寓地上 6 层，无地下层，总建筑面积为 9129.92 平方米，建筑物高度为 24.60 米。每一间宿舍都带阳台卫生间，供 4 人居住，总居住人数为 906 人。其中，1 层除了有部分学生宿舍外，还设有后勤门厅、学生宿舍门厅、洗衣房等功能性用房，2 层及以上除了设有宿舍之外，还包括共享空间、公用卫生间、盥洗间等功能性空间。该公寓可提供 760 人住宿。

本项目作为装配整体式混凝土框架建筑，全楼除卫生间及屋顶构件为现浇外，所有构件均为预制构件，建筑的装配式率达 58%。公寓遵循 GIS 公寓体系的设计原则，通过 S（支撑部分）和 I（内部填充体）的分离使公寓具备结构耐久性、装配化，室内空间灵活变动以及填充体可更换等特点。

6.2　方案设计

6.2.1　项目区位与环境

本项目周边有已建成的学生宿舍和食堂，且西侧与湿地公园接壤处呈弧线轮廓，建筑设计人员需要科学地处理公寓与周边建筑的空间和立面对应关系，并且顺应已给地形，合理布置建筑外轮廓线。基于建筑单体设计原则，本项目还要综合考虑学生在使用公寓时的便利性，以及公寓的形象与校园的融合关系。根据现场条件，场地周边交通较为便利，校区内的基础设施完备，电力设施齐全，均已初具项目建设条件。

6.2.2 建筑设计

1. 设计理念

如何将新建的宿舍楼置于其中而不破坏校园的和谐，既不趋于平庸，又能凸显校园特色，但又要与周边建筑群协调，做到和而不同，这是方案设计中的着眼点。因此在方案设计时，为满足建筑空间功能符合学生宿舍建筑性质，在空间造型、建筑颜色和材质的运用中要有所突破，将功能空间与建筑形式相结合，建设是一栋具有自身特色且与校园环境相融的宿舍建筑。同时，建筑的设计应满足节能减排的目标，尽可能地节约资源、减少污染，减轻给自然环境带来的压力。

2. 平面功能布局

（1）各层平面布置原则：平面布局规整，柱网合理，总体布置原则上考虑各功能空间的便利性和实用性。1 层：宿舍门厅、值班室、公共淋浴间、公共洗衣房、楼管值班用房等其他辅助用房若干。2～6 层：宿舍部分，每间寝室均带卫生间，卫生间内设蹲便器 1 个，洗脸台 1 个，同时要能满足学生洗澡的功能，另外还设置了公共卫生间、盥洗室（内设洗衣池）等，以满足学生的日常生活需要。

（2）合理布置交通流线，解决出入口及人流疏散流线。从校园主要交通流线分析，宿舍主入口门厅宜位于南侧，东西侧设计次入口满足疏散要求。整栋建筑从功能上看有两大功能部分，即住宿和公共服务部分。整栋宿舍流线简洁、顺畅。

（3）屋顶设计：考虑绿建，将屋顶设置成了半坡；同时考虑到宿舍热水的供给，屋顶集中设置太阳能集热板。

3. 绿色建筑设计

为实现本项目节能减排的目的，建筑在设计时将应用以下绿色技术。

（1）宿舍风环境改进设计措施：增加广场上绿化树木的种类，合理搭配"落叶"和"常青"树木的比例，利用树木来实现广场夏季通风、冬季挡风的功能。

（2）下凹式绿地：通过下凹空间充分汲取雨水，从而增加雨水下渗的距离。

（3）建筑朝向：顺应已给地形轮廓线，即建筑朝向北偏西 30°以内，有利于冬季集热和避免夏季过热。

（4）太阳能屋顶发电：屋顶设计成半坡屋面。北面半坡，南面平屋并在屋顶添加太阳能板，有利于冬季集热和避免夏季过热。

（5）直接受益窗：采用均匀分布的活动小窗，有利于灵活自然采光，避免大面积开窗和眩光。

为充分考虑我国建筑工作的实际情况，在完成绿色建筑的设计后对项目进行绿建分析，包括绿建模拟分析模型、室内风环境模拟、室内天然采光计算分析、视野综合计算分析、建筑构件隔声性能计算分析、室内背景噪声计算分析等。在完成分析后，针对分析结果不断优化，使建筑节能最大化。以采光分析为例，设计人员在软件中输入规定性指标（包括计算配置、计算房间、计算方法、窗材料、构件、顶棚高度和内饰面），软件可自动计算出建筑的采光效果图。

4.BIM 模型的立

接下来，基于装配式建筑相关规范标准和基础资料，采用 PKPM 软件完成装配式建筑 BIM 模型的设计。此外，装配式建筑的设计应遵循模块化原则，设计时应划分标准模块和可变模块，以方便构件的生产和组装。完成三维建筑模型设计后，软件可自动生成二维的平面图、立面图和剖面图。

6.2.3　结构设计

本项目的建筑为 6 层装配式整体式框架结构宿舍。抗震设防烈度为 7 度（0.1g），设防地震分组为第二组，场地类别为 Ⅱ 类，框架抗震等级为三级，周期折减系数取 0.8，基本风压取 $0.35kN/m^2$，地面粗糙类别取 B 类。在确定基本参数后进行结构计算，装配整体式框架结构在计算时等同现浇结构，本项目采用 PKPM 软件计算。全楼梁和柱混凝土等级为 C35，板和楼梯混凝土等级为 C30，所有构件钢筋均取 HRB400，如图 6-1 所示。

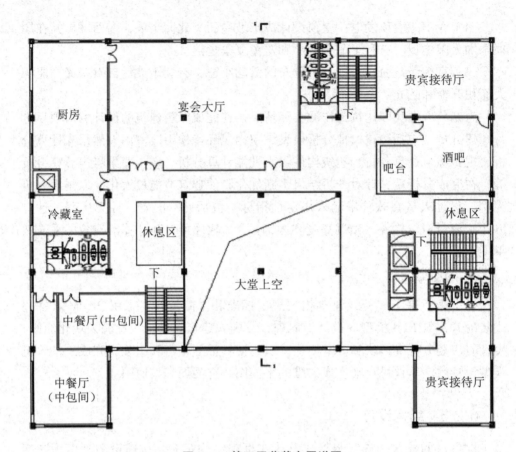

图 6-1　第三层荷载布置详图

在完成建筑的整体设计后，需要确定建筑内预制构件的设置范围，而后进行预制构件的拆分设计。预制构件的设计应遵循以下规定：①预制构件的设计应满足标准化的要求，确保预制构件的钢筋与预留洞口、预埋件等相结合，简化预制构件连接节点的施工步骤；②设计时应兼顾构件的外形、尺寸、重量等，确保其在制作、运输、安装等环节符合标准；③预制构件的配筋设计便于工厂化生产和现场连接。

因此，在构件拆分设计时，设计方需要和施工方、构件生产商配合，在协同管理设计系统中实时共享最新设计成果，优化预制构件的设计，生成项目的构件库。本项目主要的预制构件有板、梁、柱、隔墙和楼梯。

在完成整体建筑的拆分设计时，需要计算项目的装配率，以此衡量设计是否符合《装配式建筑评价标准》。本项目从主体结构、围护墙和内隔墙、装修和设备管线三个方面来评价项目，判断其是否满足装配式建筑的要求。计算结果显示，项目的得分为 58.4，高于最低要求；装配率为 58%，符合装配式建筑的要求。

6.2.4　机电设计

装配式建筑在进行机电设计时，关键是要把握好管线在预制构件中的预埋，确保预制构件在设计和生产时对线、盒、洞、套管等进行精确定位并预留预埋。本项目的机电设计包括暖通、给排水和电气三个专业，设计时应尽量减少管线在预制构件的预埋。电气专业的设计人员采用 PKPM 软件进行暖通、给排水和电气三个专业的模型设计。机电专业的设计成果如下：

（1）暖通专业的设计与建筑专业配合，以计算设备和管道的安装位置，软件中缺少的构件需要设计人员自定义构建；

（2）给排水专业的设计遵循竖向管线相对集中的原则，包括给水系统、雨水系统、消火栓系统和排水系统；

（3）电气专业的设计与结构专业相配合，管线采用沿顶棚暗敷的方式。为了区分装配式建筑和传统的现场浇筑混凝土建筑，设计人员在电气专业做了预埋件。在完成机电专业的设计后，软件的开洞处理功能可以在板、梁等构件上一键生成空洞，如图 6-2、图 6-3 所示。

图 6-2　机电专业设计模型

图 6-3　开洞预览

6.3　BIM 模型的碰撞检查与优化

BIM 模型的碰撞检查功能是帮助设计师检查项目中图元之间的冲突，包括实体与实体之间的交叉碰撞和间距与空间无法满足要求的碰撞，降低由于冲突带来的变更和成本超支。因此在本项目碰撞检查中，设计师首先检查完成单专业的冲突检查并优化，而后将所有优化后的单专业设计模型合成多专业的冲突检查并进行优化。单专业的碰撞检查包括结构专业的钢筋碰撞检查和机电专业的碰撞检查。在完成结构专业的 BIM 模型设计后，PKPM 软件可自动完成碰撞检查，设计人员可逐一查看碰撞信息。接下来，设计人员通过修改钢筋细节参数（主要进行梁的参数设定）来解决碰撞问题。具体钢筋碰撞避让的解决方法有四种：

（1）通过梁钢筋的竖向避让设定，可有效避免梁 X 向和 Y 向的钢筋碰撞；

（2）梁柱节点碰撞时，在梁装配单元参数修改中通过纵筋弯折避让，将梁钢筋水平向弯折，解决碰撞；

（3）梁与梁节点处，在梁装配单元参数修改中，通过修改钢筋连接方式避让，将直角弯头改为机械连接，解决碰撞；

（4）梁与叠合板处，在板装配单元参数修改中，通过修改钢筋边距避让，将边距参数从 40 改为 50，解决碰撞。利用 PKPM 软件对机电设计模型进行碰撞检查，碰撞检查结果可以在 BIM 模型中三维显示。基于碰撞检查结果，设计人员通过调整管线和设备的位置，解决模型中的冲突。

在完成单专业碰撞检查和优化后，设计人员将结构模型和机电模型合并到同一个模型中，进行不同专业的碰撞检查。通过多专业的碰撞检查，设计人员可以及时发现不同专业之间拼接和安装时存在的冲突，进行多专业协调，严格控制净高。

6.4　工程量统计

在本项目中，设计师利用 PKPM 软件完成了结构专业、建筑专业和机电专业的 BIM 模型设计，因此可以利用软件实现工程量的自动统计。与现浇混凝土建筑不同，装配式建筑结构的工程量统计主要是为了指导工厂进行构件生产，为构件生产厂商提高所需物料的清单，因此工程量统计包括预制构配件的种类、数量以及每个构配件所需的材料。此外，本项目没有达到 100% 的装配率，因此在工程量统计的时候需要区分现浇和预制两个部分，分别统计现浇结构和预制结构的工程量。在对整体建筑进行拆分设计时，预制构件库中的预制构件不仅设置了尺寸参数，还对构件所采用的材料、钢筋的布置、配件等参数信息进行了设置，因此完成项目的拆分设计后，软件可逐一统计每种构件对混凝土、钢筋、配件等的消耗情况，为材料采购提供依据。

建筑专业和机电专业的工程量统计与传统现浇混凝土建筑相同，完成 BIM 模型的创建后软件就可以自动读取、分析模型中的设计数据，实现工程量的自动统计。在建筑模型中，本项目主要对建筑的几何量、门窗清单和墙体工程量进行统计，其中大量的工程量的统计要根据建筑的几何量进行，如宿舍的净面积、脚手架统计、各层建筑面积等。在机电模型中，本项目主要对电气专业、给排水专业和暖通专业采用的材料的名称、规格和数量进行统计。软件自动出量，大大提高了设计阶段概预算的速度和准确度，也可以指导施工阶段的材料采购。

6.5　施工模拟

施工模拟就是基于计算机提供的虚拟现实技术，在工程项目施工前创建可视化的三维环境并对施工方案进行模拟，通过模拟发现当前存在的问题并及时调整，以获得最优的施工组织设计。结合 BIM 技术和仿真技术，施工模拟可以将施工环境、施工机械和施工人员以三维模型的形式体现，进一步模拟施工场地布置、施工工艺等。施工模拟具有的优势如下。

（1）先模拟后施工。在施工前以三维动态的方式展示施工方案，可以直观地观测到不合理的部分并修改，特别是对进度、成本和质量方面进行有效控制。

（2）协调施工进度和所需要的资源。要实现施工组织设计中的进度目标，需要协调施工开展中所需要的各种资源，包括设备、材料和人员。由于影响资源的因素众多，如果能提前对进度计划进行模拟，可以更好地协调施工中的资源使用情况。

（3）可靠地预测安全风险。通过模拟施工方案中的现场施工状态，可以提前排查现场可能出现的安全问题，并修改方案规避风险，尽可能减少风险发生带来的损失。

在本项目中，施工单位主要利用施工模拟功能进行施工进度模拟、施工场地布置模拟和施工工艺模拟，以 BIM 的方式表达、推敲、验证施工组织设计的合理性。

（1）施工进度模拟。本项目中，施工单位在施工准备阶段利用 Project 软件编制施工进度计划。在进行施工进度计划的编制时，施工单位需要确定施工先后、工程量、构件吊装计划、施工过程的持续时间、劳动量和机械台班数。在完成进度计划的编制后，施工单位将进度计划与 BIM 模型连接，形成一个可视的 4D 模型。基于 BIM 的虚拟建造技术，施工单位利用 4D 模型反复模拟施工进度计划下的工程施工过程，模拟结果以动画的形式呈现。通过施工进度的模拟，施工单位发现了潜在的作业次序错误和冲突问题，通过修改施工进度计划或制订应对计划以指导实际施工，从而保证项目施工顺利完成。

（2）施工场地布置模拟。施工场地布置是为了合理布置现场的道路、临时建筑、材料仓库、设施设备等，确保现场施工顺利进行。本项目在施工场地布置时，应遵循以下三点：①场地布置时应紧凑，尽可能减少占用施工场地，同时确保场地清洁、道路畅通：②避免施工时多个工种在同一区域施工而相互干扰：③施工场地的布置由专人负责管理，确保设备安放、材料堆放、临时设施的建设等满足已审定的施工平面布置图的要求。基于建立的三维 BIM 模型，本项目以三维的形式进行施工场地布置，合理安排塔式起重机、办公场地、生活场地、构件堆放场地、道路等的位置，解决现场场地划分问题。此外，在施工场地布置完成后，施工单位以 BIM 模型的形式与业主沟通，对施工场地进行优化，为项目选择最优的施工路线。

（3）施工工艺模拟。在本项目中重难点施工方案、特殊施工工艺施工前，施工单位运用 BIM 模型进行真实模拟，从中找出施工方案中的不足，并对施工方案进行修改。模拟有助于帮助施工人员更加清晰、准确地理解施工方案，避免施工过程中出现错误，从而保证施工进度、提高施工质量。同时，针对多套施工方案，通过模拟进行专家比选，从中选取最佳的施工方案。在施工过程中，针对复杂的施工节点，对施工工艺进行三维模拟，能够更好地给施工操作人员表达复杂节点的设计结果和施工方案，快速帮助施工人员完成施工交底，使施工的难度和错误率降到最低，确保施工质量和安全。

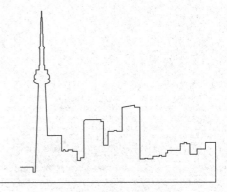

第 7 章　BIM 技术在装配式住宅项目中的应用

　　本项目以上海市松江区小昆山镇 SJS40001 单元 21-06 地块 19# 商品住宅楼项目（图 7-1）为例。本工程主要运用装配整体式，主体 1～3 层采用装配整体式剪力墙结构，4 层以上（除屋顶外）采用部分预制装配式。本工程预制构件主要有：预制墙板、预制梁、预制板、预制楼梯、预制阳台、预制凸窗等构件，项目预制率达 40.13%。住宅外墙采用内保温形式，PC 外墙窗框采用预埋方式，栏杆现场安装。

图 7-1　高品住宅效果图

7.1　标准构件库的创建

由于装配式建筑的大部分构件需要预制，构件加工厂完成的工程量相对较大。为了提高生产率，预制构件生产商在预制构件深化设计中应充分考虑构件加工种类。构件加工种类越少越好，这样构件加工厂的钢模种类也可以相应减少，从而降低生产和管理成本。在装配式建筑 BIM 应用过程中，应根据项目实施情况并结合生产能力，合理划分预制构件。同样，BIM 技术在装配式建筑中的应用也同样以预制构件为模的方式来实现。因此，在项目开展前需要建立一套完整的 BIM 标准族库（图 7-2）。

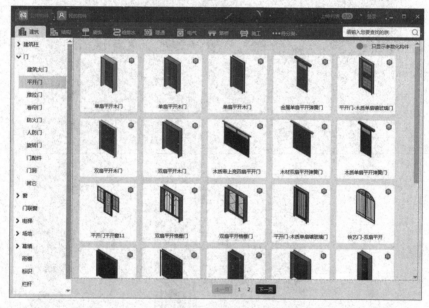

图 7-2　BIM 标准族库

7.2　模型创建及构件拆分

本工程主要通过 Autodesk 公司的 Revit、Trimble 公司的 TeklaStructure（预制混凝土深化模块）两款主流 BIM 软件进行模型的创建（图 7-3、图 7-4）。

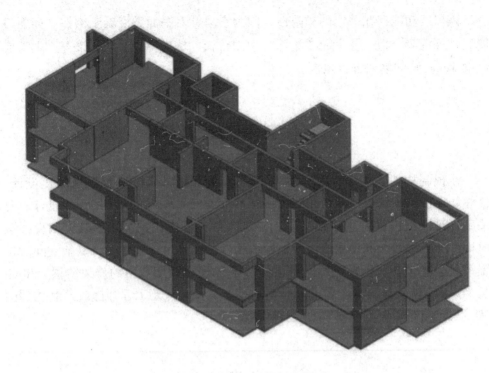

图 7-3　Revit 土建结构模型

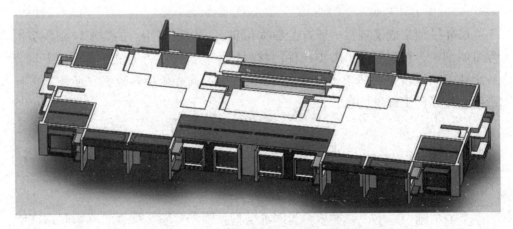

图 7-4　Tekla 预制构件拼装模型

　　基于 BIM 技术的预制结构建模技术路线：首先利用 Revit 软件进行上部现浇混凝土模型的创建，包括墙、板、梯件等构件，借助第三方插件 Precast（依据标准族库类型设置模型参数），对整体模型进行预制构件拆分。

该扩展功能存在一定的局限性，因为它只针对平面类混凝土构件，如剪刀墙、现浇混凝土板。非平面类构件（如阳台板、楼梯梯段、框架梁等）则需要借助 Tekla 软件单独进行建模。

7.3　预制构件详图设计

在预制构件生产前，PC 构件生产商需要对设计图纸进行二次深化设计，这样能保证钢模具的尺寸及相关连接预埋件位置的准确性。传统详图设计主要采用二维图纸进行表达。而采用 BIM 技术的详图设计则利用三维模型直接生成构件加工详图，不仅能够清楚地标识构件的二维尺寸，还能将复杂空间的位置关系表达清楚。BIM 技术的最大优势还体现在后期方案的修改阶段，Revit 和 Tekla 两款软件都支持图纸与模型的动态链接。只要工程师修改预制构件模型，与其相关联的所有图纸就会自动更新。

7.4　创建材料清单

BIM 模型集成了项目中所有的数据信息，可以根据用户的需要定制各类工程量明细表，快速统计出各类构件的材料用量，解决了人工统计效率低下且容易出错的问题。材料清单不仅能为 PC 构件生产商提供用料数据，还能为工程造价人员提供工程量信息。

7.5　施工安装模拟

本书案例工程采用部分预制装配式结构，需要在施工现场完成预制构件的安装工作，对构件尺寸的精确性和连接部位的合理性要求较高。在施工之前，项目部采用 BIM 技术对整体结构进行预拼装施工模拟。通过模拟现场安装过程，施工人员及时检查施工过程中可能出现的碰撞问题和连接不合理的情况。不仅可以避免由于构件设计不合理导致的返工现象，还能进一步优化构件现场安装流程，提高了现场安装效率。

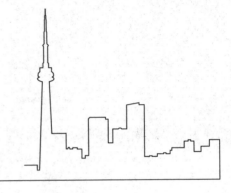

第8章 结 论

本书通过分析装配式建筑和 BIM 技术的特点、发展现状、应用前景等，探讨了 BIM 技术与装配式的关联以及 BIM 技术在装配式建筑中的应用价值，总结了装配式建筑的设计原则，结合 BIM 技术的特点提出了基于 BIM 技术的装配式建筑设计方法，并着重突出了 BIM 技术在装配式建筑设计中的应用点。以装配式建筑施工阶段的目标管理工作为重点，本书提出了 BIM 技术在装配式建筑质量管理、进度管理和成本管理中的应用。在此基础上，对基于 BIM 技术的装配式建筑设计 – 施工协同管理应用平台的原型设计进行探索，为后续平台的开发提供理论和框架支撑，发挥 BIM 技术在装配式建筑设计和协同管理中的作用。最后，本书通过实际装配式建筑的案例介绍了 BIM 技术在装配式建筑设计和施工中具体是如何应用的，着重突出了 BIM 技术在装配式建筑中的应用价值。

（1）以新型城镇化、建筑工业化和 BIM 技术的推动的大环境为切入点，通过分析装配式建筑和 BIM 技术各自的特征和发展情况，针对装配式建筑当前存在的问题，提出了将 BIM 技术运用于装配式建筑的价值。

（2）首先，从装配式建筑的设计原则分析出发，探讨基于 BIM 技术的装配式建筑设计方法的思路和流程，通过与传统设计方式对比，肯定了 BIM 技术在装配式建筑设计中的优势。其次，针对基于 BIM 技术的设计方法，对 BIM 技术在装配式建筑应用进行具体分析。

（3）针对建设项目管理中的质量、进度和成本三大目标，对装配式建筑在施工阶段的目标管理工作和 BIM 技术在目标管理中的优势进行具体分析，而后提出了 BIM 技术在目标管理中应用的准备工作和具体应用。

（4）设计了基于 BIM 技术的装配式建筑设计 – 施工协同管理平台的原型。首先，采用半结构化访谈的方式，获取了用户对平台的信息和功能需求，对访谈内容进行定性分析；其次，根据访谈结果和 BIM 技术在项目管理中的应用提出了本平台设计的技术路线；最后，以该技术路线为基础，分析了协同管理平台的开发要点，详细介绍了本平台设计及深化设计协同、进度管理、造价管理、质量管理和资料管理 5 大应用模块的设计，为后续平台的开发提供理论和框架支撑。

（5）通过实际装配式项目，对 BIM 技术在装配式建筑中的应用进行实证研究，从方案设计、BIM 模型碰撞检查与优化、工程量统计和施工模拟 4 个阶段对 BIM 技术在装配式建筑的应用价值进行详细分析。

参考文献

[1] 陆亚珍，吴限，吴彬，崔安平，周乃. BIM 技术在装配式建筑中的应用. 工程建设与设计，2020（04）：17-18.

[2] 刘濛，洪洁茹，章梦霞，王锦阳，徐照. 结合 BIM 与二维码技术的装配式建筑信息管理方法研究. 施工技术，2020，49（02）：110-114，118.

[3] 陈宗霖. 探讨装配式建筑设计中的 BIM 方法. 建材与装饰，2020（05）：70-71.

[4] 徐强，张繁荣，李家宏，朱桢华. 基于 BIM 的装配式建筑监测管理系统应用研究. 项目管理技术，2020，18（02）：77-81.

[5] 张颖. 关于 BIM 技术的绿色建筑设计思路分析. 建材与装饰，2019（30）：124-125.

[6] 张颖. BIM 技术在建筑工程管理中的应用. 建材技术与应用，2019（05）：32-34.

[7] 柏美岩，刘子楠，吴蓓，许帅文. BIM 技术在建筑工程施工技术中的应用. 四川水泥，2017（12）：147.

[8] 王功霞. BIM 技术在装配式建筑设计中的应用. 建材与装饰，2019（16）：118-119.

[9] 赵芳芳. 关于装配式建筑设计中 BIM 技术的应用分析. 绿色环保建材，2019（05）：73，75.

[10] 范悦，叶明. 试论中国特色的住宅工业化的发展策略. 建筑学报，2012（04）：19-22.

[11] 齐宝库，张阳. 装配式建筑发展瓶颈与对策研究. 沈阳建筑大学学报（社会科学版），2015（02）：156-159.

[12] 王朝静，胡昊. 推动装配式住宅发展的关键因素. 住宅科技，2016，38（08）：23-26.

[13] 有继峰，王滋军，戴文婷，刘伟庆. 适合建筑工业化的混凝土结构体系在

我国的研究与应用现状 . 混凝土，2014（06）：129-132.

[14] 陶俊阳 . 混凝土：装配式建筑施工技术探析 . 中国房地产业，2017（19）.

[15] 冯国华 . 房屋建筑装配式混凝土结构设计与建造技术进展研究 . 科技创新导报，2013（01）：39-40.

[16] 曲笛 . 适合应用于农村的工业化住宅体系比较分析 . 北京建筑工程学院，2012：24.

[17] 王召新 . 混凝土装配式住宅施工技术研究 . 北京工业大学，2012.

[18] 吴迪 . 装配式建筑节点连接方式研究综述 . 中外建筑，2016（08）：150-151.

[19] 刘美霞，邓晓红，刘佳，徐秀杰，王全良，张中，王广明 . 基于物联网技术的装配式建筑质量追溯系统研究 . 住宅产业，2016（10）.

[20] 白庶，张艳坤，韩风，寇倩茜，杨晓彤 . 基于 ISM 分析法的装配式建筑质量因素结构分析与对策研究 . 辽宁经济，2016（08）：32-35.

[21] 李永森，李素芳 . 基于全生命周期理论的装配式住宅经济性研究 . 工程经济，2016，26（11）：66-69.

[22] 纪博雅，戚振强，金占勇 . BIM 技术在建筑运营管理中的应用研究——以北京奥运会奥运村项目为例 . 北京建筑工程学院学报，2014（01）：68-72.

[23] 莱瑟林，王新 . BIM 的历史 . 建筑创作，2011（04）：146-150.

[24] 清华大学 BIM 课题组 . 中国建筑信息模型标准框架研究 . 北京：中国建筑工业出版社，2011：3-12.

[25] 王勇，张建平，胡振中 . 建筑施工 IFC 数据描述标准的研究 . 土木建筑工程信息技术，2011，3（04）：9-15.

[26] 李犁，邓雪原 . 基于 BIM 技术的建筑信息平台的构建 . 土木建筑工程信息技术，2012（02）：25-29.

[27] 李犁，邓雪原 . 基于 IFC 标准 BIM 数据库的构建与应用 . 四川建筑科学研究，2013（03）：296-301.

[28] 周成，邓雪原 . IDM 标准的研究现状与方法 . 土木建筑工程信息技术，2012（04）：22-27.

[29] 尹奎，王兴坡，刘献伟，等 . 基于 BIM 的机电设备设施管理系统研究 . 施工技术，2013，42（10）：86-88.

[30] 游洋 . 从机电专业观察 BIM 技术在工程建设行业的全产业链应用 . 安装，2011（12）：57-59.

[31] 云朋，吴海斌.BIM 与建筑的生态节能分析与设计.时代建筑，2013（02）：44-47.

[32] 肖良丽，吴子昊，方婉蓉，等.BIM 理念在建筑绿色节能中的研究和应用.工程建设与设计，2013（03）：104-107.

[33] 徐勇戈.基于 BIM 的商业运营管理应用价值研究.商业时代，2013（18）：87-88.

[34] 卫校飞.智慧城市的支撑技术——建筑信息模型（BIM）.智能建筑与城市信息，2013（01）：96-100.

[35] 张德凯，郭师虹，段学辉.基于 BIM 技术的建设项目管理模式选择研究.价值工程，2013（05）：61-64.

[36] 赵彬，牛博生，王友群.建筑业中精益建造与 BIM 技术的交互应用研究.工程管理学报，2011（05）：483-486.

[37] 马智亮，马健坤.IPD 与 BIM 技术在其中的应用.土木建筑工程信息技术，2011（03）：36-41.

[38] 包剑剑，苏振民，王先华.IPD 模式下基于 BIM 的精益建造实施研究.科技管理研究，2013（03）：219-223.

[39] 滕佳颖，吴贤国，翟海周，等.基于 BIM 和多方合同的 IPD 协同管理框架.土木工程与管理学报，2013（02）：80-84.

[40] 郭俊礼,滕佳颖,吴贤国,等.基于 BIM 的 IPD 建设项目协同管理方法研究.施工技术，2012（22）：75-79.

[41] 徐奇升，苏振民，金少军.IPD 模式下精益建造关键技术与 BIM 的集成应用.建筑经济，2012（05）：90-93.

[42] 徐奇升，苏振民，王先华.基于 BIM 的精益建造关键技术集成实现与优势分析.科技管理研究，2012（07）：104.

[43] 徐韫玺，王要武，姚兵.基于 BIM 的建设项目 IPD 协同管理研究.土木工程学报，2011（12）：138-143.

[44] 赵彬，王友群，牛博生.基于 BIM 的 4D 虚拟建造技术在工程项目进度管理中的应用.建筑经济，2011（09）：93-95.

[45] 何清华，韩翔宇.基于 BIM 的进度管理系统框架构建和流程设计.项目管理技术，2011（09）：96-99.

[46] 李静，方后春，罗春贺.基于 BIM 的全过程造价管理研究.建筑经济，2012（09）：96-100.

[47] 张树建 .BIM 在工程造价管理中的应用研究 . 建筑经济，2012（02）：20–24.

[48] 苏永奕 . 建筑信息模型在建设项目全过程造价控制中的应用研究 . 洛阳理工学院学报（社会科学版），2012（03）：68–71.

[49] 李亚东，郎灏川，吴天华 . 基于 BIM 实施的工程质量管理 . 施工技术，2013（15）：20–22，112.

[50] 姜韶华，张海燕 . 基于 BIM 的建设领域文本信息管理研究 . 工程管理学报，2013（04）：16–20.

[51] 许俊青，陆惠民 . 基于 BIM 的建筑供应链信息流模型的应用研究 . 工程管理学报，2011（02）：138–142.

[52] 潘怡冰，陆鑫，黄晴 . 基于 BIM 的大型项目群信息集成管理研究 . 建筑经济，2012（03）：41–43.

[53] 吕玉惠，俞启元，张尚 . 基于 BIM 的施工项目多要素集成管理信息系统研究 . 建筑经济，2013（08）：35–38.

[54] 张建平，余芳强，李丁 . 面向建筑全生命期的集成 BIM 建模技术研究 . 土木建筑工程信息技术，2012（01）：6–13.

[55] 张昆 . 基于 BIM 应用的软件集成研究 . 土木建筑工程信息技术，2011（03）：37–42.

[56] 王雪松，丁华 .BIM 技术对传统建筑设计方法的冲击 . 四川建筑科学研究，2013，39（03）：271–274.

[57] 张晓菲 . 探讨基于 BIM 的设计阶段的流程优化 . 工业建筑，2013（07）：155–158.

[58] 王陈远 . 基于 BIM 的深化设计管理研究 . 工程管理学报，2012，26（04）：12–16.

[59] 王勇，张建平 . 基于建筑信息模型的建筑结构施工图设计 . 华南理工大学学报，2013（03）：76–82.

[60] 张建平 .BIM 在工程施工中的应用 . 施工技术，2012（16）：10–17.

[61] 刘火生，张燕云，杨振钦，等 . 基于 BIM 技术的施工现场的可视化应用 [J]. 施工技术，2013（S1）：507–509.

[62] 满庆鹏，李晓东 . 基于普适计算和 BIM 的协同施工方法研究 . 土木工程学报，2012（Z2）：311–315.

[63] 修龙，赵昕 .BIM——建筑设计与施工的又一次革命性挑战 . 施工技术，

2013（11）：1-4.

[64] 杰里·莱瑟林，王新. BIM 软件分类学，第一部分：矩阵. 建筑创作，2012（Z1）：368-374.

[65] 王新. 美国设计行业 BIM 应用历程的启迪. 建筑创作，2011（10）：167-170.

[66] 杨宇，尹航. 美国绿色 BIM 应用现状及其对中国建设领域的影响分析. 中国工程科学，2011（08）：103-112.

[67] 张泳，付君，陈伟. 美国的 BIM 应用合同文件及其启示. 特区经济，2013（02）：61-64.

[68] 吴吉明. 建筑信息模型系统（BIM）的本土化策略研究. 土木建筑工程信息技术，2011，3（03）：45-52.

[69] 张春霞. BIM 技术在我国建筑行业的应用现状及发展障碍研究. 建筑经济，2011（09）：96-98.

[70] 潘佳怡，赵源煜. 中国建筑业 BIM 发展的阻碍因素分析. 工程管理学报，2012（01）：6-11.

[71] 何清华，钱丽丽，段运峰，等. BIM 在国内外应用的现状及障碍研究. 工程管理学报，2012（01）：12-16.

[72] 何清华，张静. 建筑施工企业 BIM 应用障碍研究. 施工技术，2012（22）：80-83.

[73] 周毅，李曦，陈永祥. 工程设计中应用建筑信息模型的主要障碍与对策 [J]. 建筑经济，2012（11）：101-104.

[74] 何关培. BIM 总论. 北京：中国建筑工业出版社，2011：114-118.

[75] 耿跃龙. BIM 工程实施策略分析. 土木建筑工程信息技术，2011，3（02）：51-54.

[76] 程建华，王辉. 项目管理中 BIM 技术的应用与推广. 施工技术，2012（08）：18-21，60.

[77] 黄亚斌. 企业级 BIM 应用实施步骤（一）. 土木建筑工程信息技术，2011，3（02）：56-61.

[78] 王广斌，刘守奎. 建设项目 BIM 实施策划. 时代建筑，2013（02）：48-51.

[79] 裴以军，彭友元，陈爱东，等. BIM 技术在武汉某项目机电设计中的研究及应用. 施工技术，2011（21）：94-97.

[80] 陈钧.利用 BIM 技术进行安装设备房建模的操作要点.施工技术,2013(S1):509-511.

[81] 龙文志.中国建筑幕墙行业应尽快推行 BIM.建筑节能,2011(01):53-56.

[82] 龙文志.建筑信息模型(BIM)与幕墙行业应用.建设科技,2011(04):82-84.

[83] 吴伟,原波,曹雪菲,等.BIM 技术在山地异型结构施工中的应用.建筑技术,2013(01):25-27.

[84] 姬丽苗,张德海,管菇瑜,等.基于 BIM 技术的预制装配式混凝土结构设计方法初探.土木建筑工程信息技术,2013(01):54-56.

[85] 苗倩.BIM 技术在水利水电工程可视化仿真中的应用.水电能源科学,2012(10):139-142.

[86] 赵彬,王友群,牛博生.基于 BIM 的 4D 虚拟建造技术在工程项目进度管理中的应用.建筑经济,2011(09):93-95.

[87] 张建平,范喆,王阳力,等.基于 -4D-BIM 的施工资源动态管理与成本实时监控.施工技术,2011(04):37-40.

[88] 赵志平,贾俊礼,张现林.基于 BIM 的钢筋混凝土框架结构的虚拟现实表现.土木建筑工程信息技术,2011,3(04):72-75.

[89] 柳娟花,李艳妮.基于 BIM 的虚拟施工技术应用探究.电脑知识与技术,2011,7(29):7266-7268.

[90] 陈小波."BIM & 云"管理体系安全研究 [J].建筑经济,2013(07):93-96.

[91] 何清华,潘海涛,李永奎,等.基于云计算的 BIM 实施框架研究.建筑经济,2012(05):86-89.

[92] 刘超.建筑信息建模技术(BIM)与绿色建筑设计.绿色建筑,2011(04):48-49.

[93] 李慧敏,杨磊,王健男.基于 BIM 技术的被动式建筑设计探讨.建筑节能,2013(01):62-64.

[94] 刘芳.关于 BIM 技术对绿色建筑产生的积极意义的探讨.中外建筑,2013(06):60-61.

[95] 邱相武,赵志安,邱勇云.基于 BIM 技术的建筑节能设计软件开发研究.建筑科学,2012(06):24-40.

[96] 崔庆彪.装配式混凝土结构构件及施工注意事项].科技信息，2013（08）：427，430.

[97] 蒋勤检.国内外装配式混凝土建筑发展综述.建筑技术，2010，41（12）：1074-1077.

[98] 陈子康，周云，张季超，吴从晓.装配式混凝土框架结构的研究与应用.工程抗震与加固改造，2012，34（04）：1-11.

[99] 张红霞，徐学东.装配式住宅全生命周期经济性对比分析.新型建筑材料，2013（05）.

[100] 黄小坤，田春雨.预制装配式混凝土结构研究.住宅产业，2010，9.

[101] 崔璐.预制装配式钢结构建筑经济性研究.山东建筑大学，2015.

[102] 王兴菊，赵然杭.对建筑工程质量事故频发的思考.山东工业大学学报，2002（01）：97-100.

[103] 李永泉，李晓军.现浇框架结构工程质量问题分析与对策.低温建筑技术，2002（01）：77-78.

[104] 王子玉.钢筋混凝土工程质量低劣的原因剖析.建筑，2001（04）：58.

[105] 俞瑞芳，王利国.钢筋混凝土工程质量问题分析及预防措施.宁夏农学院学报，2001（02）：30-33.

[106] 周岳年，陈岳龙，付义峰.对工程质量若干技术问题的思考及建议.工程质量，2000（06）：25-27.

[107] 李滨.我国预制装配式建筑的现状与发展[J].中国科技信息，2014（07）：114-115.

[108] 蒋勤俭.国内外装配式混凝土发展综述.建筑技术，2010，41（12）：5-8.

[109] 刘燕萍，董伟，黄毕双，李晋，杨芳.基于两阶段支持向量机的群体建筑物震害预测方法.华南地震，2016，36（02）：107-113.

[110] 占昌宝，罗川，丁振坤，金先龙.高层建筑抗震性能预测仿真研究.计算机仿真，2016，33（08）：397-402.

[111] 张爱林，张艳霞，赵微，等.可恢复功能的装配式预应力钢框架拟动力试验研究.振动与冲击，2016，35（05）：207-215.

[112] 张爱林，张振宇，姜子钦，等.可修复的装配式钢框架梁柱节点非线性静力分析.建筑科学与工程学报，2017，34（04）：1-8.

[113] 杨天青，席楠，张翼，等.基于离散灾情信息的地震烈度分布快速判定方法研究.地震，2016，36（02）：48-59.

[114] 贾明明，李方慧，陆斌斌 . 采用碳纤维包裹约束的装配式防屈曲支撑试验 . 哈尔滨工业大学学报，2016，48（06）：98–104.

[115] 刘航，王胜，王海深，等 . 预应力自复位装配式混凝土框架节点抗震性能研究 . 建筑技术，2018，49（01）：50–53.

[116] 徐丰，孙维东，杨杰 . 利用相干系数辅助震后倒塌建筑物快速评估 . 遥感信息，2016，31（06）：51–55.

[117] 杨庆峰，林大岵，路军 . BIM 技术在建筑设计中的应用及推广策略 . 建筑技术，2016，47（08）：733–735.

[118] 高成，赵学鑫，高世昌，郭泰源，李鹏宇 . BIM 技术在中国尊建筑工程施工中的应用研究 . 钢结构，2016，31（06）：88–91.